IM SCHATTEN VON GIGANTEN

IM SCHATTEN VON GIGANTEN

Jasmin Schreiber

Das Leben im Moos, auf Blüten und unter Steinen

KOSMOS

Für alle kleinen Tiere, die eigentlich nichts gemacht haben, sondern einfach nur ihr Leben leben wollten, dann aber erschlagen, zertreten oder zerquetscht werden – nur, weil sie anders aussehen als ein Hund oder eine Katze.

SONY

INHALT

DER ANFANG VON ALLEM

Blatthelmlinge sind unglaublich kleine Pilze und besiedeln gern am Boden liegendes Laub.

DER ANFANG VON ALLEM

MIT DEM LAUFEN HABE ICH SPÄT ANGEFANGEN, aber zwei Dinge konnte ich verdammt schnell: Sprechen und den Pinzettengriff. So war schon früh der Grundstein dafür gelegt, mein Leben damit zu verbringen, anderen etwas zu zeigen und dann darüber zu erzählen. Meine Mutter weiß bis heute nicht so recht, ob sie das als Fluch oder Segen empfinden soll. Jedenfalls habe ich in meiner Kindheit alles, was klein war, in die Wohnung geschleppt, egal ob es sich bewegte oder nicht.

Als ich etwa sechs Jahre alt war, hatte ich die Idee, in meinem Kinderzimmer ein eigenes Tierkrankenhaus zu eröffnen. Wenn man verletzte Menschen im Krankenhaus behandeln kann, so dachte ich mir, dann muss das doch auch für Regenwürmer, Wespen und Schmetterlinge funktionieren? Also schnappte ich mir mein Puppenhaus, das ich sowieso nie gemäß dem angedachten Verwendungszweck benutzt hatte, räumte es aus und erklärte jedes Zimmer zu einem Krankenzimmer. In halben Walnussschalen sollten die „Patienten" – ausgetrocknete Würmer, flügellose Fliegen und kranke Wespen – sicher untergebracht werden. Ein Stück

Taschentuch diente als Decke, abends gab es Gute-Nacht-Geschichten für alle, dann war Schlafenszeit. Am nächsten Morgen startete ich voller Tatendrang in meinen ersten Tag als Chefärztin einer Tierklinik. Noch vor dem Frühstück wollte ich meine Visite machen – und fand keinen meiner Schützlinge mehr vor. Sie hatten sich offenbar über Nacht wie durch Zauberhand erholt und waren ausgebüxt. Ich wusste nicht, dass sie sich in die entlegensten Winkel des Hauses verzogen hatten. Enttäuscht verließ ich das Haus und machte mich auf die Suche nach neuen Patientinnen und Patienten. Eine Schnecke mit zerbrochenem Gehäuse schien mir besonders dringend, also kam sie in mein Krankenhaus, bekam einen Kuss von mir und wurde fürsorglich zugedeckt.

Als ich am Folgetag nach ihr sah, klebte sie an der Decke der Puppenstubenküche, und im Zimmer surrte plötzlich eine Wespe – dieselbe, die ich am Tag zuvor aus dem Waschbecken gefischt hatte. Sie schien sehr fit zu sein und irgendwie auch ziemlich sauer über meine Rettungsaktion. Meine Mutter musste schließlich eingreifen und versuchte verzweifelt, alle Ausreißer einzufangen. Doch das erwies sich als Ding der Unmöglichkeit, denn überall summte und krabbelte es, und noch Wochen später tauchten hinter den Schränken vertrocknete Regenwürmer auf. Dieser Gedanke quält mich bis heute, aber Kindern fehlt es eben oft an Wissen. Der Versuch, Tierärztin zu spielen, führte letztlich nur zu der Erkenntnis, dass ich lieber Tierforscherin werden wollte.

MEIN ERSTES RICHTIGES „LABOR" war unser kleiner Schrebergarten, eine gewöhnliche Parzelle inmitten einer mondänen Wohnsiedlung mit Villen, wie ich sie sonst nur aus dem Fernsehen kannte. Dort hockte ich in der Erde, beobachtete Regenwürmer, wühlte unter Steinen nach Asseln und beugte mich über die Regentonne, um Mückenlarven dabei zuzusehen, wie sie knapp unter der Wasseroberfläche hin und her zuckten. Irgendwann begriff ich, dass es keine gute Idee war, ständig Regenwürmer aus dem Boden zu zerren und in Marmeladengläser zu stecken. Die Ermahnungen meiner Eltern, Schnecken sollten doch lieber draußen bei ihren Freundinnen bleiben, stießen bei mir zwar nicht immer auf spontane Begeisterung, aber mit zunehmendem Alter bekam ich ein besseres Gespür dafür, wie ich diese Winzlinge untersuchen kann, ohne sie zu stören oder gar zu schädigen.

Während des Studiums wurde mir noch deutlicher, wie sehr wir Menschen auf größere, vermeintlich spektakulärere Tiere fixiert sind.

Aus der kindlichen Neugier entwickelte sich allmählich ein Berufswunsch: Ich wollte mehr über das verborgene Leben unter Steinen, in Moospolstern und im Totholz erfahren und entschloss mich, Biologie zu studieren. Während des Studiums wurde mir noch deutlicher, wie sehr wir Menschen auf größere, vermeintlich spektakulärere Tiere fixiert sind. Kaum jemand interessiert sich spontan für das kleine Ökosystem

← Ich mache oft Selfies mit Insekten – macht man ja gern so mit Freundinnen und Freunden, oder?

unter einem Stein, obwohl sich dort ein ganzes Universum von Asseln, Käferlarven, Pilzen und Bakterien tummelt. Während viele Kommiliton:innen in den 2000er-Jahren vor allem was mit Genetik machen wollten oder, wenn schon mit Tieren, dann eher in Richtung „charismatische" Tiergruppen gingen, zog es mich – nach einem kurzen Abstecher in die Mikrobiologie – endgültig ins Reich der Insekten und anderen Wirbellosen. Einen Löwen in freier Wildbahn zu sehen ist sicher aufregend, aber der Anblick eines alten Baumstumpfs kann meine Herzfrequenz über die 100 katapultieren. Genau diese Welt fasziniert mich sogar so sehr, dass ich beim Spaziergang durch den Wald oft große Säugetiere übersehe. Mein Blick bleibt einfach immer an den Moosen am Boden, den Asseln im Totholz und den Laufkäfern auf dem sandigen Boden hängen. Ein Reh könnte zwei Meter neben mir stehen, ich würde es nicht mitkriegen.

INZWISCHEN TEILE ICH MEINE FASZINATION auf vielfältige Weise, sei es in meiner Newsletter-Kolumne *Schreibers Naturarium,* bei Exkursionen durch Wald und Wiesen, wo ich Sachen mit dem Pinzettengriff in die Höhe halte und davon erzähle, oder eben in Büchern wie diesem. Ich habe schon mehrere Sachbücher über Naturthemen geschrieben, aber meine dritte Leidenschaft, die Fotografie, spielte dabei bisher keine Rolle. Schon lange wollte ich ein Buch veröffentlichen, das die Ergebnisse meiner Fotosafaris zeigt und gleichzeitig etwas von meiner Begeisterung und meinem Staunen über die kleinen, viel zu oft übersehenen Lebewesen vermittelt. Tja, nun ist es endlich so weit: Mit diesem Buch lade ich dich ein, das Moospolster neben den Mülltonnen vor deinem Haus nicht als langweiliges Stück Grün zu betrachten, sondern als Ort, an dem Bärtierchen, Milben, Springschwänze und Pilze einen verborgenen Kosmos aufgebaut haben. Ich möchte, dass du entdeckst, dass ein alter Ahornbaum auf dem Schulhof eben nicht einfach nur eine Art tattrige Deko ist, sondern ein mehrstöckiges Wohnhaus voller Insektenkinderstuben, Pilzkolonien, Nestern und Ameisenstraßen. Gerade in diesen unerwarteten Lebensräumen offenbart sich, wie sehr wir alle Teil eines großen Ganzen sind. Wenn wir lernen, auf das vermeintlich Kleine zu schauen und seine Bedeutung zu würdigen, erwächst daraus nicht nur Begeisterung, sondern auch ein Bewusstsein dafür, wie viel Verantwortung wir für diese bunte Gemeinschaft tragen. Nur indem wir sie kennen und verstehen, können wir sie letztlich auch schützen – und uns selbst dabei gleich mit, denn auch wir sind Teil der Natur und können ohne sie nicht leben.

ABER GENUG DER VORREDE. Ich bin sehr gespannt, wie du diese Reise erlebst. Pack vielleicht eine Lupe oder einen Fotoapparat, aber vor allem deine Neugier ein und komm mit. Lass uns gemeinsam ins Unterholz kriechen, einen Stein anheben, in eine Pfütze oder einen Kuhfladen spähen – und schauen, welche kleinen Nachbarn mitten unter uns ihr verborgenes Leben führen.

DAS LEBEN UNTER STEINEN

Dieses Asseljäger-Männchen lauerte in meinem Waldgarten zwischen den Steinen einer Trockensteinmauer auf gepanzerte Beute.

DAS LEBEN UNTER STEINEN

AM UFER DES KLEINEN BACHES, umgeben von feuchtem Laub und moosigen Baumstümpfen, kauere ich auf dem Boden. Der Nebel hängt noch schwer zwischen den Bäumen und Sträuchern, dämpft Geräusche und lässt einen feuchten Film auf meiner Haut zurück. Der Pfad neben mir wird gesäumt von alten Buchen, deren Stämme von Moos überzogen sind und deren Äste sich hoch in den Himmel strecken, als versuchten sie, die tief stehenden Wolken zu fangen. Es sieht alles wieder einmal fantastisch aus. Doch heute interessiert mich diese Szenerie, die Landschaft, das große Drumherum, nicht primär. Ich habe meine innere Zoomlinse angeschaltet und suche nach viel kleineren Objekten. Heute gilt mein Interesse dem, was meistens verborgen bleibt – den winzigen Lebewesen, die unter Steinen, zwischen Wurzeln und im feuchten Erdreich leben.

Ein verwitterter Fels liegt vor mir, halb in den Uferrand eingesunken, überzogen mit Moos und altem Laub. Ich taste seine Oberfläche ab, spüre eine Kante und hebe ihn an. Vor meinen Augen bricht sofort hektische Betriebsamkeit aus. Füh-

EIN EXTREMER LEBENSRAUM

Nicht alle Tiere können sich das Leben unter Steinen leisten. Die Bedingungen dort sind stabiler als an der Oberfläche, aber dennoch speziell: Es ist dunkel, die Feuchtigkeit bleibt länger erhalten, der Platz ist oft knapp. Die Tiere, die sich hier angesiedelt haben, gehören zu den sogenannten kryptozoischen Arten – also jenen, die sich bevorzugt in dunklen, geschützten Räumen aufhalten. Viele von ihnen haben besondere Anpassungen entwickelt. Springschwänze, Asseln und Tausendfüßer besitzen oft blassere oder gar pigmentlose Körper, da sie kein Tarnmuster gegen Fressfeinde brauchen. Einige, wie die blinden Erdkriecher unter den Hundertfüßern, haben ihre Augen vollständig verloren, da Licht für sie ohnehin keine Rolle spielt.
Andere setzen auf eine flache Körperform, um sich in schmale Ritzen zu zwängen, oder auf ein verstärktes Außenskelett, das sie vor Austrocknung schützt.
Die gemeinsame Herausforderung ist dabei immer die gleiche: so viel Feuchtigkeit wie möglich zu speichern und gleichzeitig mit begrenztem Raum und Nahrung auszukommen.

ler zucken, Beine tippeln, sich windende Körper verschwinden in dunkle Ritzen. Ein kleiner Mikrokosmos, in dem ich nur wenige Sekunden lang eine Beobachterin sein darf. Ein kurzer Druck auf den Auslöser meiner Kamera, dann gleitet der Stein zurück an seinen Platz. Alles, was ich eindeutig identifizieren kann, notiere ich in meiner Artenliste. Neben meinen Forschungsprojekten erstelle ich diese auch aus purem Interesse: Ich erkunde gern Lebensräume und will wissen, wer dort wie lebt. Nachdem ich meine Notizen vervollständigt habe, hebe ich den Stein ein weiteres Mal an und nehme einige der kleinen Bewohner für genauere Untersuchungen mit.

KÄFER UND AMEISEN

Die Welt unter Steinen ist ein faszinierendes Universum voller Leben, hier wimmelt es von Insekten und anderen Wirbellosen. Zu den kleinsten und vielleicht niedlichsten Bewohnern zählen die Springschwänze. Als verlässliche Zersetzer von

→ Diesen winzigen Käfer habe ich nur gesehen, weil ich bemerkte, dass etwas zu meinen Füßen golden schimmert.

organischem Material spielen sie eine wichtige Rolle im Ökosystem. Sie verwerten Pilz- und Pflanzenreste und treten oft in großen Gruppen auf, die mit vereinten Kräften ordentlich was wegschaffen. Wer einen Komposthaufen besitzt, kennt diese kleinen Helfer vermutlich gut – gemeinsam mit Mikroorganismen leisten sie einen wichtigen Beitrag zur Humusbildung. Auch in der Terraristik werden sie als „Bodenpolizei" eingesetzt, da sie Pilzsporen und andere Ablagerungen beseitigen und so für Sauberkeit und ein gutes Bodenklima im Terrarium sorgen.

Doch nicht nur Springschwänze finden sich unter Steinen. Flink huschen Laufkäfer in den Ritzen entlang, stets auf der Jagd nach Insekten, Schnecken oder Würmern. Der Hain-Laufkäfer *(Carabus nemoralis)* ist ein häufiger Gast in Gärten und Wäldern, wo er sich bevorzugt über Schnecken und Würmer hermacht. Im Sommer begegne ich ihm fast täglich, was wohl daran liegt, dass mein Schrebergarten im Reiseführer *Die schönsten Ausflugsziele für Nacktschnecken in Hamburg* auf Platz 1 steht, die Speisekarte des Restaurants *Chez Schreiber* würde von ihm auf jeden Fall mindestens 3 Laufkäfer-Sterne bekommen. Auch der Goldglänzende Laufkäfer *(Carabus auratus)* mit seinem schimmernden Panzer ist ein auffälliger Räuber, der es ebenfalls auf Nacktschnecken abgesehen hat, den ich aber noch nie in meinem Garten entdeckt habe.

Kurzflügelkäfer

Besonders häufig entdecke ich unter Steinen Kurzflügelkäfer, auch Staphyliniden genannt, und damit wären wir bei meiner größten Leidenschaft.

Viele mitteleuropäische Arten sind unscheinbar braun oder schwarz gefärbt und werden leicht übersehen, doch ihre tropischen Verwandten leuchten in den schönsten Farben. Zu den bekannteren einheimischen Kurzflüglern zählt der Schwarze Moderkäfer *(Ocypus olens)*. Mit seinem langen, glänzend schwarzen Körper und seiner stattlichen Größe ist er kaum zu übersehen. Bei Gefahr hebt er drohend sein Hinterteil und sondert eine stark riechende Flüssigkeit ab – der beißende Geruch hält Feinde fern und, nun, erklärt auch seinen wenig schmeichelhaften deutschen Trivialnamen.

Mit den Staphyliniden habe ich mir versehentlich die artenreichste Käferfamilie ausgesucht – und damit auch die meiste Arbeit.

Die Staphyliniden sind eine sehr alte und die vermutlich artenreichste Käferfamilie mit schätzungsweise 70.000 bekannten Arten in über 3.400 Gattungen – und die Dunkelziffer ist vermutlich enorm. Als wahre Anpassungskünstler haben sie die unterschiedlichsten Lebensräume erobert: von tropischen Regenwäldern bis hin zu eisigen Polarregionen, von Laubwäldern über Moore und Feuchtgebiete bis hin zu kargen Höhenlagen. Sie leben in Dünen und

↑ Dieser Hain-Laufkäfer *(Carabus nemoralis)* hat es sich an meiner Regentonne gemütlich gemacht.

↖ Der Schwarze Schneckenjäger *(Phosphuga atrata)* sorgt in meinem Garten für Ordnung.

↗ Ein Schwarzer Moderkäfer *(Ocypus olens)* ist auf meinem Ärmel gelandet.

Salzmarschen, in Symbiose mit Ameisen oder Termiten, im feuchten Laub, in moderndem Holz, an und in Pilzen, in Komposthaufen, Tierdung, Kadavern oder Algenwatten am Ufer. Manche graben sich in sandige Böden ein, andere bevorzugen Torfmoore, wieder andere lieben Salzmarschen. Manche bleiben dicht unter der Oberfläche, andere dringen tief in den Untergrund vor. Einige Arten leben sogar in ewiger Dunkelheit unterirdischer Höhlen und verlassen sich ganz auf Tastsinn, Geruch und chemische Signale.

Diese große Vielfalt an Lebensräumen spiegelt sich auch in ihrer Ernährungsweise wider. Räuberische Staphyliniden finden in der feuchten Streuschicht oder direkt im Boden Beute wie Springschwänze, Milben oder Larven. Aasfresser tragen zur Zersetzung toter Tiere bei, Pilzfresser halten sich in der Nähe von Pilzfruchtkörpern auf. Wieder andere verwerten Detritus, also abgestorbenes organisches Material wie Pflanzenteile oder die Reste von Tierkadavern, und stabilisieren damit den Nährstoffkreislauf.

BESONDERS SPANNEND FINDE ICH DIE KURZFLÜGLER, die in Nestern von Ameisen (= myrmekophil, also ameisenliebend) oder Termiten (= termitophil, also termitenliebend) leben. Solche „Ameisengäste" sind im Tierreich zwar keine Seltenheit, aber die hoch spezialisierten Anpassungen der Staphyliniden schon bemerkenswert.

UNTERSCHIEDLICHE LEBENSSTILE

Wenn der Lebensraum unwirtlich und es zum Beispiel an der Oberfläche zu heiß, zu kalt oder zu strahlungsintensiv ist, nutzen kleine Lebewesen wie Mikroorganismen das Gestein, um sich vor den widrigen Bedingungen zu schützen. Endolithische Arten leben dann in den feinen Ritzen eines Steins, hypolithische Arten machen es sich unter lichtdurchlässigen Steinen (in der Antarktis beispielsweise unter Quarz) gemütlich. Das Licht, das hier durchkommt, und das Wasser, das sich durch Tau auf dem Stein sammelt, reichen den Cyanobakterien aus, um Photosynthese zu betreiben und so zu überleben. Diese Anpassungen zeigen, wie Leben auch unter extremen Bedingungen existieren kann – vielleicht sogar auf dem Mars?

Insektenstaaten sind streng organisiert; Eindringlinge werden normalerweise sofort angegriffen. Dennoch gelingt es einigen Kurzflüglern, sich dauerhaft zu integrieren. Sie setzen dabei auf besondere Körper- und Verhaltensstrukturen sowie spezielle chemische Signale, mit denen sie sich als Ameise oder Termite tarnen. Manche so gut, dass selbst erfahrene Forschende sie auf den ersten Blick für Ameisen oder eben Termiten halten könnten.

Um von ihren artfremden Mitbewohnerinnen akzeptiert zu werden, haben viele Staphylinidenarten spezielle Drüsen entwickelt, die Duftstoffe absondern. Diese imitieren die Pheromone der Wirtstiere – chemische Botenstoffe, die von sozialen Insekten, also solche, die in Gruppen leben, zur Kommunikation genutzt werden. Jede Ameisen- oder Termitenkolonie besitzt ein charakteristisches Duftprofil, an dem Nestgenossen und Fremdlinge unterschieden werden. Die Kurzflügler nutzen diese chemische Kommunikation, indem sie Duftstoffe produzieren, die sie für die Wirte akzeptabel oder sogar attraktiv machen. So umgehen sie die aggressive Abwehrreaktion und werden als Teil der Kolonie toleriert.

Einige Käferarten gehen sogar noch weiter und produzieren Sekrete, die beispielsweise von Termiten gern aufgenommen werden. Diese „Bestechung“ führt zu einer besonderen Beziehung, der sogenannten Trophobiose: Die Käfer werden von den Termiten gefüttert und geben im Gegenzug ein für die Termiten nützliches oder attraktives Sekret ab. Eine Win-win-Situation – zumindest auf den ersten Blick. Denn oft fressen die Käfer heimlich den Termitennachwuchs, was für die Termiten natürlich weniger vorteilhaft ist.

Man findet Staphyliniden quasi überall – beispielsweise im Boden, in den Lamellen von Pilzen, oder sie mischen sich extrem gut getarnt unter Ameisen und Termiten.

Staphyliniden haben einen weiteren Trick, um sich in Ameisen- oder Termitenkolonien zu integrieren: Sie ahmen das Verhalten ihrer Wirte nach. Neben chemischen Signalen imitieren sie auch die Körpersprache der Wirtstiere. Da die Kommunikation im dunklen Nest vor allem über Berührungen, Vibrationen und Bewegungsmuster erfolgt, ist diese Imitation für die Käfer überlebenswichtig. So können sie sich unerkannt im Nest bewegen und werden nicht als Eindringlinge erkannt.

Da ich sie nun schon mehrfach erwähnt habe: Ameisen trifft man natürlich überall an – im Waldboden, unter dem Blumenkübel, im Baum, aber eben auch häufig unter Steinen. Viele Arten legen dort Teile ihres Nestes an oder nutzen den geschützten Raum als Nesteingang. Doch nicht nur Steine sind beliebte Verstecke. Auch unter Blumenkübeln, alten Brettern oder anderen Gegenständen, die über längere Zeit an Ort und Stelle bleiben, lassen sich oft Eingänge zu Ameisennestern entdecken. In meinem Garten hatte ich einmal einen großen Sonnenschirm über Wochen auf derselben Stelle auf der Terrasse stehen. Als ich ihn schließlich versetzte, löste ich ungewollt eine kleine Apokalypse aus: Plötzlich kullerten Arbeiterinnen, Larven und Puppen in alle Richtungen, die sorgsam eingerichtete Kinderstube lag offen unter der prallen Sonne. Ich versuchte, das Chaos abzumildern, indem ich den Bereich provisorisch beschattete. Innerhalb einer Stunde war das gesamte Nest verschwunden. Tausende Ameisen hatten den Nachwuchs und sich selbst blitzschnell in Sicherheit gebracht. Wenn es um Krisenmanagement geht, könnten wir von ihnen einiges lernen.

OHRWÜRMER

Kurz bevor ich den Stein zurücklege, erregt etwas Kleines, Schnelles und sich Windendes meine Aufmerksamkeit. Gerade erkenne ich noch die Scheren am Hinterleib, bevor das Tier unter einem Stückchen Laub verschwindet: ein Ohrwurm (Dermaptera).

Tagsüber sind diese Kerlchen Meister der Tarnung. Sie verbergen sich in Spalten, unter losen Rindenstücken, in Totholz oder – besonders beliebt – unter Steinen und Blumentöpfen. Ihr Körperbau ist darauf ausgelegt, sich in enge Lücken zu zwängen, wo sie vor Fressfeinden geschützt sind. Manche Arten haben sich sogar auf ein Leben in besonders ungewöhnlichen Habitaten spezialisiert: Einige leben in Fledermaushöhlen und ernähren sich dort von Hautschuppen und Pilzen, ande-

↓ Auch Ameisen nutzen Blütennektar gern als Nahrungsquelle.

re, die Hemimeridae, haben sich an das Leben auf den Körpern und in den Nestern von Riesenhamsterratten angepasst. Ohrwürmer werden erst in der Dämmerung aktiv. Dann krabbeln sie vorsichtig aus ihren Verstecken, um sich auf Nahrungssuche zu begeben. Viele Arten sind Allesfresser: Sie jagen kleine Insekten, mögen aber auch weiches Pflanzenmaterial, Pilze oder Detritus. Einige Ohrwürmer, wie der Gemeine Ohrwurm *(Forficula auricularia)*, sind geschickte Blattlausjäger und leisten damit einen wertvollen Beitrag zum ökologischen Gleichgewicht in unseren Gärten.

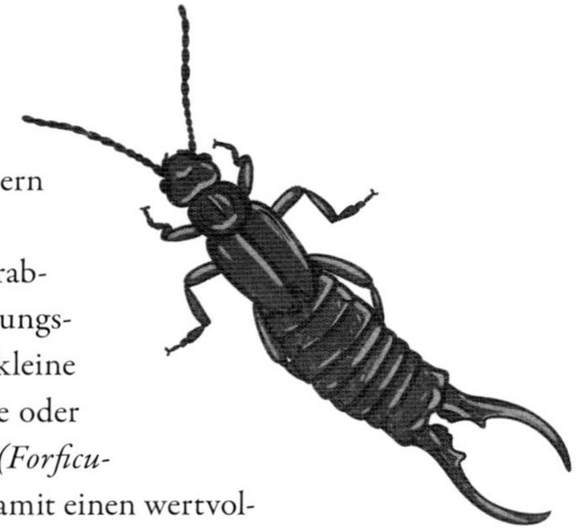

Wer einen Ohrwurm aufscheucht, kann manchmal einen scharfen, an Ammoniak erinnernden Geruch wahrnehmen – ein klares Zeichen, dass das Tier sich bedroht fühlt. Einige Arten haben nämlich eine chemische Verteidigung: Sie versprühen bei Gefahr ein übel riechendes Wehrsekret aus Drüsen am Hinterleib, das unter anderem Chinone enthält – eine Gruppe organischer Verbindungen, deren beißender Geruch Ameisen und andere potenzielle Fressfeinde abschreckt.

Die auffälligen Hinterleibszangen, auch Cerci genannt, haben schon viele Missverständnisse ausgelöst. Sie erinnern an ein Nadelöhr – vermutlich einer der Gründe für den Namen „Ohrwurm“, der sowieso seltsam ist. Denn Würmer sind die ja auch nicht. Vielleicht kommt vom Namen der Mythos, dass sie in menschliche Ohren kriechen würden – was sie definitiv nicht tun. Der Glaube daran reicht bis ins Mittelalter zurück, als man gemahlene Ohrwürmer sogar zu Heilzwecken gegen Ohrkrankheiten einsetzte. Tatsächlich sind die Zangen aber für ganz andere Zwecke gedacht. Männchen tragen damit Rivalitätskämpfe aus, bei denen sie ihre Gegner mithilfe ihrer „Werkzeuge“ abdrängen oder einklemmen. Die Form der Zangen variiert stark zwischen den Arten: Manche sind eher gerade, andere stark gebogen. Männchen mit besonders kräftigen, gebogenen Zangen setzen sich bei Kämpfen oft durch – und haben dadurch auch bessere Chancen bei der Paarung. Sind die Zangen zu kurz oder beschädigt, kommt das nicht gut an.

Hat ein Männchen schließlich ein Weibchen gefunden, beginnt ein komplexes Balzverhalten. Dabei befühlt sich das Paar gegenseitig mit den Antennen, bevor das Männchen versucht, das Weibchen mit seinen Zangen sanft zu fixieren. Hier geht es nicht um Zwang, die Zangen dienen eher dazu, das Weibchen während der Paarung stabil zu halten. Einige Arten nehmen dabei eine ungewöhnliche Stellung ein: Die Männchen drehen sich um 180 Grad, sodass ihr Bauch am Bauch des Weibchens liegt. Diese akrobatische Technik ist vermutlich eine Anpassung an das Leben unter Rinde oder in engen Spalten, wo eine „normale“ Kopulationshaltung nicht möglich wäre.

Nach der Paarung legt das Weibchen seine Eier in eine geschützte Erdhöhle oder eine Spalte und bewacht sie. Es reinigt die Eier auch regelmäßig mit den Mundwerkzeugen, um Schimmelbildung zu verhindern – betreibt also ein Phänomen, das viele Menschen Insekten gar nicht zutrauen: Brutpflege, fast wie bei Vögeln.

Nach dem Schlupf kümmern sich viele Ohrwurmweibchen noch eine Zeit lang um ihre Nachkommen, bringen ihnen Nahrung in die Bruthöhle und füttern sie sogar. Nach einigen Häutungen sind die Jungtiere selbstständig und verlassen das Nest. Die Mutter lebt in vielen Fällen noch eine Weile weiter, stirbt aber oft nach der Brutpflege. In unseren Breiten bringen Ohrwürmer meist nur eine Generation pro Jahr hervor.

REGENWÜRMER

Unter Steinen verbergen sich auch oft Regenwürmer (Lumbricidae), die sich blitzschnell ins Erdreich zurückziehen, sobald ihr Versteck von mir enttarnt wird. Während sie sich durch die Erde graben, hinterlassen sie ein fein strukturiertes Netz aus Tunneln, das Wasser speichert, den Boden durchlüftet und Wurzeln das Wachstum erleichtert. Ihr Kot enthält eine Fülle von Mikroorganismen und auch Nährstoffen, die Pflanzen direkt aufnehmen können.

Wusstest du, dass Regenwurm nicht gleich Regenwurm ist? Je nach Lebensweise lassen sie sich in drei Gruppen einteilen. Da wären zuerst die anekischen Arten,

wie der Tauwurm *(Lumbricus terrestris)*. Sie graben tiefe, stabile Röhren und ziehen Blätter sowie andere organische Reste von der Oberfläche in den Boden. Dort überlassen sie das Material erst einmal den Mikroorganismen, die es langsam zersetzen, bis es weich genug ist, dass die Würmer es fressen können. So sorgen sie dafür, dass Nährstoffe nicht nur an der Oberfläche verbleiben, sondern in tiefere Bodenschichten gelangen.

↑ Unter diesem Stein haben es sich einige Regenwürmer gemütlich gemacht. Kannst du alle entdecken?

Dann gibt es die endogäischen Regenwürmer, die sich ausschließlich unter der Erde aufhalten. Statt stabile und auf Dauer angelegte Gänge zu graben, wühlen sie sich horizontal durch das Erdreich, lockern es dabei auf und durchmischen es. Ihre Tunnel sind nur provisorisch und entstehen und verschwinden durch die ständige Bewegung der Würmer.

Die dritte Gruppe sind die epigäischen Regenwürmer, wie beispielsweise unser Kompostwurm *(Eisenia fetida)*. Sie bleiben in der Streuschicht und fressen bevorzugt abgestorbenes Pflanzenmaterial. Während anekische und endogäische Arten für die Bodenstruktur wichtig sind, sind diese oberflächenbewohnenden Würmer die eigentlichen Recycling-Experten. Sie sorgen für den schnellen Abbau organischer Reste – und dominieren meinen Komposthaufen im Garten. Auch in meinem Wurmkomposter in der Küche sind die Kerlchen aktiv.

Was wir vermutlich alle wissen: Regenwürmer produzieren guten Boden. Ihre Ausscheidungen sind reich an Nährstoffen und Enzymen wie Phosphatasen und β-Glucosidase, die Pflanzen helfen, wichtige Stoffe wie Phosphor und Kohlenhydrate besser aufnehmen zu können. Gleichzeitig fördern die Würmer die Bodenstruktur: Ihre Gänge lockern den Boden auf, verbessern die Drainage und sorgen für eine bessere Belüftung. Zudem transportieren sie Nährstoffe in tiefere Schichten, wo sie den Pflanzen leichter zugänglich sind. Und die Regenwürmer schützen den Boden vor Erosion, da ihre Schleimspuren Bodenpartikel verkleben und somit das Erdreich stabilisieren.

Regenwürmer sorgen für guten Boden. Ihre Ausscheidungen sind reich an Nährstoffen und Enzymen.

Auch der Verbreitung von Pflanzenkrankheiten schieben diese unscheinbaren Bodenbewohner einen Riegel vor. Einerseits können sie Erreger eindämmen, indem sie befallene Blätter fressen und so die Infektionsgefahr im Boden reduzieren. Andererseits modifizieren sie durch ihre Aktivität das mikrobielle Gleichgewicht und verhindern, dass sich pflanzenschädliche Pilze oder Bakterien ungehindert ausbreiten. Natürlich gehören auch diese Mikroorganismen zum Ökosystem und haben wichtige Funktionen – doch in einem Nutzgarten möchte man nicht unbedingt, dass sich Pflanzenkrankheiten unkontrolliert vermehren.

Neben dieser schützenden Funktion unterstützen Regenwürmer das Pflanzenwachstum auch über die bloße Nährstoffversorgung hinaus: Einige Arten geben Stoffe ab, welche das Wurzelwachstum gezielt fördern und die Pflanzen widerstandsfähiger gegenüber Stressfaktoren wie Trockenheit oder Nährstoffmangel machen.

Regenwürmer spielen auch eine entscheidende Rolle im Kohlenstoffkreislauf. Ihre Aktivität sorgt für eine langfristige Speicherung von kohlenstoffhaltiger Substanz im Boden, was nicht nur die Bodenfruchtbarkeit erhöht, sondern auch dazu beiträgt, den Klimawandel zu verlangsamen. Hättest du das gedacht?

ASSELN

Seit meiner Kindheit gehören Asseln (Isopoda) zu meinen Lieblingstieren. Während viele sie als „Kellerviechzeug" abtun, war ich unendlich fasziniert – so sehr, dass ich sie schon von klein auf stundenlang in unserem Frankfurter Schrebergarten beobachtete. Sie waren so etwas wie meine ersten Haustiere, und irgendwann begann ich sogar, sie zu züchten. Meine große Geschäftsidee: Asseln für alle! Doch wie sich herausstellte, gab es keinen Markt für Tiere, die ohnehin überall herumkrabbelten. Die Welt war einfach noch nicht bereit für meine bahnbrechenden Ideen. Heute halte ich immerhin einige exotischere Arten in Terrarien – sollte sich das also noch ändern und die Nachfrage nach winzigen Haustieren, die sich vermehren wie sonst was, steigen, bin ich vorbereitet.

In der Natur begegnet man den kleinen Krabblern meistens im Garten beim Verrücken eines alten Blumentopfs oder im Totholz. Oft bekomme ich über Insta-

In Gebirgsregionen ist es oft sehr felsig, dementsprechend findet man viele gut angepasste und spannende Lebensgemeinschaften rund ums Thema Stein.

gram Fotos von ihnen geschickt mit der Frage, was das für ein „Insekt“ sei. Dazu kurz: Asseln sind keine Insekten. Tatsächlich gehören sie zu den Krebstieren und sind damit enger mit Garnelen und Krabben verwandt, und im Süß- und Salzwasser gibt es immer noch viel größere Exemplare als an Land. Dass sie als einzige Krebse das Land erobert haben, merkt man ihnen noch immer von ihrem Bauplan her an: Sie atmen über Kiemen, die sich an den Beinen befinden, und brauchen eine feuchte Umgebung zum Überleben.

Bei uns in Mitteleuropa gibt es eine ganze Reihe an Asselarten, die sich in Form, Verhalten und Lebensraum unterscheiden. Die Mauerassel *(Oniscus asellus)* ist eine der größten heimischen Arten und bevorzugt feuchte Mauerritzen oder Totholz. Die hübsch gefleckte Moosassel *(Philoscia muscorum)* ist schlanker, agiler und deutlich flinker als ihre Verwandten – statt sich einzurollen, flüchtet sie blitzschnell ins nächste Versteck. Die Gemeine Rollassel *(Armadillidium vulgare)* hingegen hat eine andere Strategie: Sie kann sich bei Gefahr zu einer perfekten Kugel zusammenrollen und so ihre weichen Körperteile schützen. Und dann gibt es noch die Kellerassel *(Porcellio scaber)*, die wohl am bekanntesten ist. Sie hält sich auch gern in urbanen Bereichen auf, lebt unter Pflastersteinen und in Kellern und kommt selbst mit trockeneren Bedingungen besser zurecht als viele andere Asselarten. Unabhängig von ihrer Art erfüllen Asseln überall eine entscheidende ökologische Funktion: Sie sind Zersetzer. Besonders gern fressen sie abgestorbenes Pflanzenmaterial wie Laub oder Holz, das von Pilzen bereits anzersetzt wurde. Sie nehmen aber auch Algen, Kadaver und sogar ihren eigenen Kot zu sich – eine Strategie, um wirklich die allerallerletzten Nährstoffe aus der Nahrung herauszuholen. Viele Asseln nehmen außerdem Erde auf, um an die darin enthaltenen Mineralstoffe zu gelangen. Ihr Kot ist dadurch ein nährstoffreicher Mix aus Ton und Humus, der zu einer hohen Bodenqualität beiträgt.

Besonders interessant finde ich auch die Brutpflege dieser Tiere. Nach der Paarung bildet das Weibchen unter seinem Körper eine Art Brutraum, in dem es die befruchteten Eier in einer nährstoffreichen Flüssigkeit aufbewahrt. So sind sie vor Austrocknung geschützt – eine Art tragbares Miniaquarium für den Nachwuchs. Je nach Art können zwischen 10 und 150 Eier heranreifen. Nach etwa 40 bis 50 Ta-

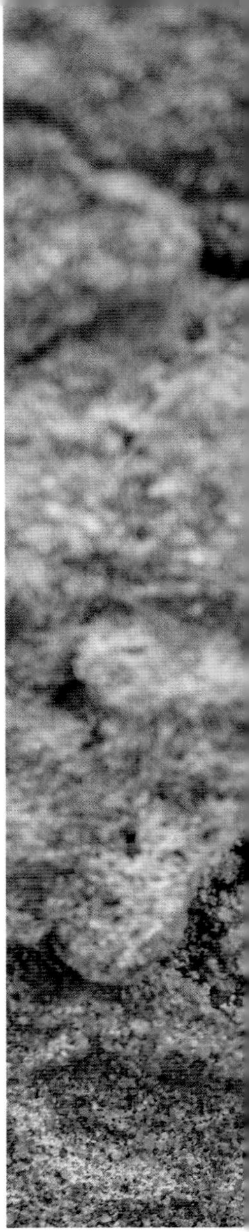

SAISONALE UNTERSCHIEDE

Wie stabil der Lebensraum unter einem Stein ist, merkt man oft erst, wenn sich die Jahreszeiten ändern. Im Frühjahr sind Asseln, Tausendfüßer und Springschwänze besonders aktiv, da das milde und feuchte Klima ihnen ideale Bedingungen bietet. Auch Regenwürmer graben sich dann häufiger in die obersten Erdschichten. Wenn es jedoch im Sommer trockener wird, sammeln sich feuchtigkeitsliebende Arten unter dickeren Steinen oder ziehen sich tiefer in den Boden zurück. Besonders Hundertfüßer und Ohrwürmer sind dann gezielt auf der Suche nach den feuchtesten Stellen. Manche Tausendfüßer überstehen Trockenzeiten, indem sie sich in eine Art Starre versetzen und ihren Stoffwechsel auf ein Minimum reduzieren. Andere Tiere, wie Milben und Springschwänze, überleben durch ihre Fähigkeit, Wasser aus der Umgebungsluft zu ziehen. Im Winter schließlich verschwinden viele Bodenbewohner aus der obersten Bodenschicht – aber einige Mikroorganismen, Springschwänze und Milben bleiben aktiv, solange der Boden nicht vollständig gefroren ist.

↑ In Trockensteinmauern findet man oft regelrechte Dioramen.

gen schlüpfen die winzigen Jungasseln, bleiben noch eine Weile am Bauch der Mutter und wagen erst nach und nach ihre ersten eigenen Schritte ins Bodenleben.

Wie alle Krebse wachsen Asseln durch Häutungen. Ihre alte Haut wird in zwei Etappen abgestreift – erst die hintere Hälfte, dann die vordere. Manchmal sieht man sie deshalb in halb fertigem Zustand herumsitzen, mit einer milchig-weißen, sich lösenden vorderen Hälfte und einer bereits nachgedunkelten hinteren. Und weil Asseln effiziente Recycler sind, wird die abgestreifte Haut meistens direkt wieder gefressen, verschenkt wird hier nämlich nüscht.

Natürlich dienen auch Asseln als Nahrung. Einen ihrer spezialisierten Fressfeinde habe ich in meinem Waldgarten einmal unter einem Stapel alter Gehweg-

↖ Ein Vertreter der Erdläufer (Geophilomorpha), also ein Tausendfüßer.

↗ Ein Schnurfüßer (Julida), ebenfalls ein Tausendfüßer, genau genommen: ein Doppelfüßer.

↓ Ein Hundertfüßer, der zu den Steinläufern (Lithobiomorpha) gehört.

platten entdeckt: ein Männchen des Großen Asseljägers *(Dysdera crocata)*. Diese Spinnenart ernährt sich gezielt von meinen kleinen gepanzerten Freunden. Um durch deren hartes Außenskelett zu dringen, besitzt der Asseljäger besonders kräftige Cheliceren – das sind die riesigen Mundwerkzeuge, die du auch auf dem Foto sehen kannst. Allerdings ist er nicht wählerisch: Kommt zufällig eine kleinere Spinne oder ein Tausendfüßer vorbei, verschmäht er diese Mahlzeit ebenfalls nicht. Und damit wären wir auch schon beim nächsten Thema.

HUNDERT- UND TAUSENDFÜSSER

Wenn man Menschen fragt, welche Tiere ganz ganz viele Beine haben, kommt schnell: „Tausendfüßler!" Dazu zwei Sachen: Erstens heißt es tatsächlich Tausendfüßer (ohne „l"), und zweitens sind nicht alle Tiere mit vielen Beinen automatisch Tausendfüßer, es gibt da nämlich zwei unterschiedliche Gruppen. Hundertfüßer (Chilopoda) und Tausendfüßer (Diplopoda) werden gern in einen Topf geworfen, doch sie sind ziemlich unterschiedlich. Während Hundertfüßer schnelle und giftige Jäger sind, bewegen sich Tausendfüßer eher gemütlich durch den Boden und schmausen abgestorbene Pflanzenteile. Der größte Unterschied liegt in der Beinanzahl pro Segment: Hundertfüßer haben nur ein Beinpaar pro Segment, Tausendfüßer zwei. Ein Tausendfüßer mit 100 Beinpaaren besitzt also 200 einzelne Beine. Doch weder Hundert- noch Tausendfüßer besitzen jemals genau 100 oder 1000 Beine – und bei Hundertfüßern ist das sogar ausgeschlossen, denn: Ein Merkmal dieser Tiere ist eine ungerade Anzahl an Beinpaaren, sodass sie niemals genau 50 Paare, also 100 Beine, haben können. Die Namen kommen also eher aus so einer historisch gewachsenen Übertreibung und Pi-mal-Daumen-Schätzung. Dennoch hier ein kleiner Funfact: 2021 wurde eine neue Gattung Tausendfüßer in Australien entdeckt, und die darunterfallende Art *Eumillipes persephone* ist die erste bekannte Tausendfüßerart mit tatsächlich über 1000 Beinen – genau genommen können sie bis 1.306 Füßchen haben.

Hundertfüßer sind Fleischfresser und nutzen ihre Kieferklauen, um Gift in ihre Beute zu injizieren.

Hundertfüßer sind Fleischfresser und nutzen ihre Kieferklauen, um Gift in ihre Beute zu injizieren. Die in Deutschland verbreiteten Arten sind für den Menschen harmlos, für ein Insekt oder andere kleine Bodenlebewesen jedoch eine gefährliche Bedrohung. In meinen Beeten treffe ich besonders häufig die Erdläufer (Geophilomorpha), die mit ihren lang gestreckten, wurmähnlichen Körpern und über 100 Beinpaaren durch den Boden gleiten. Sie sind blind und jagen mithilfe von Tast- und Chemorezeptoren. Eine weitere Gruppe sind die Skolopender (Scolopendromorpha), zu denen der Steinläufer *(Cryptops hortensis)* gehört. Diese Art ist auffällig schnell, hat

21 Beinpaare und bevorzugt feuchte Verstecke in Wäldern oder unter Steinen, wo sie Springschwänze, Spinnen und andere kleine Tiere jagt.

Tausendfüßer hingegen sind reine Pflanzenfresser und Zersetzer. Ihr Körper ist oft gedrungener und stärker gepanzert als der der Hundertfüßer, und statt Angriff setzen sie auf Verteidigung. Viele Arten – wie die Bandfüßer (*Polydesmus* spec.) – sondern bei Bedrohung übel riechende oder giftige Wehrsekrete ab, um Fressfeinde abzuschrecken. In manchen Abwehrcocktails ist sogar Blausäure enthalten. Andere Arten verlassen sich auf ihre robuste Panzerung oder rollen sich bei Gefahr zusammen. Besonders häufig sind bei uns in Mitteleuropa die Schnurfüßer, die mit ihrem runden, länglichen Körper an kleine, gepanzerte Würmer erinnern. Wenn ich abends mit den Hunden Gassi gehe, treffe ich sie in Scharen auf dem Wanderweg hinterm Haus. Außerdem halte ich eine exotische Variante in meinen Terrarien: den Afrikanischen Riesentausendfüßer *(Archispirostreptus gigas)*.

Trotz ihrer Unterschiede spielen beide Gruppen eine entscheidende Rolle im Bodenökosystem. Tausendfüßer zerkleinern abgestorbenes Pflanzenmaterial und fördern die Humusbildung, während Hundertfüßer die Population kleiner Gliederfüßer regulieren. Wo sie vorkommen, sorgen sie gemeinsam für ein stabiles Gleichgewicht im Boden – der eine als Zersetzer, der andere als kleines, aber effizientes Raubtier.

→ Dieser kleine Bandfüßer knabbert an Flechten und Holz an meinem Gartenzaun.

WIR SEHEN ALSO: Unter so einem Stein ist echt viel los. Während sich Asseln, Tausendfüßer und Springschwänze vor Austrocknung oder größeren Fressfeinden verstecken, kommen andere Tiere gerade hierher, weil sie wissen, dass es reichlich Beute gibt. Laufkäfer flitzen geschickt durch jede Ritze, Hundertfüßer nehmen mit ihren empfindlichen Fühlern kleinste Erschütterungen wahr. Gezielt machen sie Jagd auf Springschwänze, kleine Würmer oder Spinnen, die sich in den geschützten Spalten verbergen.

→ Diese Spinne hat eine leere Walnussschale als ihr Zuhause erwählt.

Dieser Lebensraum bildet ein gut ausbalanciertes Gleichgewicht zwischen Räubern und Zersetzern. Ohne Fressfeinde wie Hundertfüßer oder Laufkäfer könnten sich Springschwänze und Asseln ungebremst und zu stark vermehren und die Zersetzergemeinschaft aus dem Gleichgewicht bringen. Aber auch die Räuber selbst sind Teil dieses Gefüges – ihre Überreste werden nach ihrem Tod von ebenjenen Bodenorganismen zersetzt, die sie einst gejagt haben.

Unter einem Stein entfaltet sich ein fein aufeinander abgestimmtes Netzwerk aus Jägern, Pflanzenfressern und Zersetzern. Keine dieser Arten lebt für sich, jede beeinflusst das Leben der anderen. So wird dieser Mikrokosmos unterm Stein zugleich zum Refugium, Jagdrevier und Ort Koexistenz. Wer sich den Bedingungen anpasst, findet hier einen stabilen Lebensraum, bis eines Tages ein neugieriger Mensch den Stein anhebt und das Gleichgewicht kurz durcheinanderbringt. Sorry, Leute.

DAS LEBEN — IM TOTHOLZ

Pilze sind gemeinsam mit Mikroorganismen die Hauptakteure bei der Zersetzung von Totholz.

DAS LEBEN IM TOTHOLZ

AUF MEINER TÄGLICHEN GASSIRUNDE komme ich immer an einem umgestürzten Baum vorbei, den die Stadt in grobe Stücke gesägt und einfach liegen gelassen hat. Man hat ihn dort bewusst als Lebensraum für Tiere behalten, was ich richtig toll finde. Für mich ist das eine kleine Schatzkammer. Oft bleibe ich stehen, hebe vorsichtig lose Rindenstücke an und entdecke jedes Mal neue Bewohner: winzige Käferlarven, die sich durch das Holz fressen, glänzende Asseln unter feuchten Spalten und manchmal auch Pilze, die sich binnen weniger Tage in quasi farbenfrohe Metropolen verwandeln.

Ähnlich halte ich es in meinen eigenen Gärten – den beiden Schrebergärten und meinem Dachgarten. Wenn Äste abbrechen oder ich beim Gehölzschnitt ein paar Reste übrig habe, lege ich sie bewusst in einer ruhigen Ecke ab. Je länger sie verrotten, desto mehr Leben zieht ein: Spinnen, Hundertfüßer, Ohrwürmer, Käfer. Es ist erstaunlich, wie sich etwas vermeintlich Totes im Laufe der Zeit zu einem wimmelnden Biotop entwickelt. Anstatt alles „sauber“ wegzuräumen, setze ich darauf,

dass genau dieser Zerfall die Vielfalt fördert – und den Tieren, den Moosen und auch den Flechten, die ich so liebe, einen dauerhaften Lebensraum bietet.

Apropos Flechten. Seit meiner Kindheit fahre ich fast jedes Jahr nach Dänemark; seit ich in Hamburg lebe, auch mehrfach im Jahr um Bücher zu schreiben und Fotos dafür zu machen. Es gibt viele schöne Ecken, aber die Westküste hat es mir besonders angetan. Dort genieße ich nicht nur die raue Meeresbrise zwischen den Dünen, sondern vor allem die kleinen Wälder, in denen man viele alte Baumstämme, abgestorbene Äste und Baumstümpfe findet. Und zwischen all dem taucht noch etwas auf, das mich jedes Mal in seinen Bann zieht: Flechten.

FLECHTEN

Flechten können potenziell fast überall wachsen und kommen besonders häufig auf totem Holz vor. Am liebsten betrachte ich die Flechten der arten- und formreichen Gattung *Cladonia*; oft finde ich Baumstümpfe am Wegesrand, die so aussehen, als hätte jemand ein Miniaturkorallenriff dort abgestellt.

SYMBIOTISCHE BEZIEHUNGEN

In der Natur finden wir symbiotische Beziehungen in diesen drei Hauptformen, wobei die Übergänge fließend sein können.

MUTUALISMUS
Hier gewinnen beide Partner. Mykorrhizapilze verbinden sich beispielsweise mit Wurzeln und helfen der Pflanze – oft sind das Bäume –, Nährstoffe aus dem Boden aufzunehmen. Der Pflanzenpartner zahlt seinen Teil der Abmachung in Zucker aus. Ameisen halten sich Blattläuse wie Kühe, beschützen sie vor Fressfeinden und bekommen im Gegenzug süßen Honigtau. Wobei man sagen muss, dass die Blattläuse auch keine andere Wahl haben, also nicht ganz so freiwillig in dieser Situation stecken. Das ist übrigens oft so, also dass so eine Gemeinschaft nicht schwarz-weiß betrachtet werden kann oder exakt in eine bestimmte Schublade passt.

KOMMENSALISMUS
Bei dieser Form der Symbiose läuft es so: Einer hat Vorteile, der andere merkt nichts davon, beziehungsweise steht er der ganzen Sache neutral gegenüber. Es nützt nicht, aber es stört auch nicht. Epiphyten (also Pflanzen, die auf anderen Pflanzen wachsen können) wie Moose oder Orchideen leben auf Bäumen und nutzen sie als Sitzgelegenheit, ohne ihnen zu schaden. Auch Aasfresser wie Geier profitieren von den Jagderfolgen anderer, ohne dem ursprünglichen Jäger etwas wegzunehmen. Sie sind zufrieden mit den Resten.

PARASITISMUS
Hier gibt es einen mehr oder weniger klaren Gewinner und einen Verlierer. Zecken saugen beispielsweise unser Blut, und alles, was wir davon haben, ist mit einer Schippe Pech eine Borreliose oder FSME. Misteln sitzen auf Bäumen und zapfen sie an, viele Pilze zersetzen ihre Wirte von innen, bis diese sterben. Der Unterschied zum Mutualismus? Der Wirt bekommt nichts zurück – außer Problemen.

Langsam bewege ich mich durch das Unterholz, vorbei an abgestorbenen Baumstämmen, die in der feuchten Salzluft verwittern. Ich nestle an meiner Kamera herum, umrunde einen Baum, und da sehe ich ihn: das Objekt meiner Begierde, das ich zuvor beim Spaziergang mit meinen Hunden entdeckt hatte. Ein alter Baumstumpf, überzogen von einer Flechtenlandschaft, liegt zu meinen Füßen: matte Grautöne, leuchtendes Grün, rostige Orangeschattierungen funkeln in der Sonne. Ich gehe in die Hocke, nähere mich mit der Kamera. Überall Texturen – raue Krusten, pudrige Kelche, in deren Mitte sich der Tau sammelt. Meine Augen kriegen nie genug von diesen kleinen Wundern der Natur.

Flechten sind Überlebenskünstler. Sie brauchen nicht viel, kein Erdreich, keine Wurzeln. Sie wachsen dort, wo andere längst aufgegeben haben – auf nacktem Stein, auf altem Holz, auf Glas, auf Metall, egal. Oft sind sie Pioniere, die Ersten, die einen neuen Lebensraum erobern. Doch was sind Flechten eigentlich genau? Um sie besser zu verstehen, sollten wir uns erst einmal ansehen, welche Eigenschaft diese Organismen am stärksten definiert: die Symbiose.

Denn es ist so: Nicht jeder Organismus geht allein durchs Leben, ist ja oft auch viel zu anstrengend. In der Natur sucht man deshalb möglichst nach einem oder mehreren Kooperationspartnern. Manche Lebewesen tun sich also zusammen und profitieren voneinander – so wie die Symbiosepartner in einer Flechte. Gemeinsam können sie Lebensräume erobern, in denen sie allein nicht überleben würden.

← **Diese Krustenflechte hat einen Baumstamm besiedelt.**

LICHENOMETRIE

Einige Flechten gehören zu den ältesten Lebewesen der Erde. Ihre langsame, aber stetige Wachstumsrate macht sie zu lebenden Zeitzeugen – und zu einem Werkzeug für die Altersbestimmung von Gesteinen oder Bauwerken. Dieses Verfahren nennt sich Lichenometrie.

Bestimmte Krustenflechten wachsen mit einer recht konstanten Rate von etwa 0,5 bis zwei Millimetern pro Jahr. Indem man den Durchmesser einer Flechte misst, die auf einem Felsen oder einer alten Mauer wächst, lässt sich abschätzen, wie lange sie dort bereits existiert – und damit oft auch, wann das Substrat zuletzt freigelegt wurde. So kann man beispielsweise das Alter von Gletschermoränen bestimmen oder Bauwerke datieren, für die es keine historischen Aufzeichnungen gibt. Allerdings ist die Methode nicht unumstritten: Das Wachstum von Flechten variiert je nach Art, Standort und Klima, was die Genauigkeit der Datierung einschränken kann. Trotzdem bleibt die Lichenometrie ein nützliches Hilfsmittel, besonders wenn andere Verfahren wie die Dendrochronologie (Baumringanalyse) oder die Radiokarbondatierung nicht anwendbar sind.

SYMBIOSEN SIND ÜBERALL. Sie ermöglichen ein Leben in extremen Umgebungen, stabilisieren Ökosysteme und treiben die Evolution voran. Mit ziemlicher Sicherheit würde es die Welt, wie wir sie kennen, ohne Symbiosen nicht geben – in der Forschung geht man aktuell davon aus, dass der Landgang der Pflanzen nur mithilfe von Pilzpartnern möglich war.

Auch Flechten sind das Resultat so einer symbiotischen Beziehung – klassischerweise zwischen einem Pilz (Mycobiont) und einem Partner, der Photosynthese betreibt (Photobiont). Dieser ist entweder eine Alge (Phycobiont) oder ein Cyanobakterium (Cyanobiont). Der Pilz bietet Schutz, Feuchtigkeit und Struktur für die Alge oder das Bakterium – und die liefern umgekehrt dem Pilz durch Photosynthese Nährstoffe. Zusammen bilden sie eine einzigartige und für beide Seiten recht nützliche Partnerschaft, in der je nach Art nicht selten auch mal eine Seite etwas mehr als die andere davon hat.

Mittlerweile hat sich dieses Bild einer dualen Symbiose jedoch erweitert. Forschende haben herausgefunden, dass in vielen Flechten tatsächlich zwei oder mehr Pilzarten stecken können – darunter häufig Hefen, die maßgeblich das äußere Erscheinungsbild prägen. Hinzu kommt eine oft reiche Gemeinschaft an Bakterien, deren Rolle noch nicht vollständig verstanden wird. Einige dieser Bakterien könn-

← Diese roten Köpfchen der Cladonia-Flechten sind ihre Fruchtkörper (Apothecien), über die sie sich vermehren.

ten Vitamine bereitstellen, andere produzieren möglicherweise Abwehrstoffe. Es ist gewissermaßen ein Verbund verschiedener Organismen, die sich wechselseitig beeinflussen, teils kooperieren, teils vielleicht sogar kurzzeitig parasitieren. Aus dieser Perspektive fällt es zunehmend schwer, Flechten klar in eine Kategorie zu packen, denn je nach Zusammensetzung des „inneren Teams" können sich ihr Aussehen und ihre Physiologie massiv verändern. Diese Komplexität stellt auch evolutionäre Klassifikationssysteme infrage. Galt früher der Pilz als hauptverantwortlich für das Aussehen und die Benennung einer Flechte (in der Systematik ordnet man Flechten traditionell den Pilzen zu), wird heute deutlich, dass auch die genetische Vielfalt der Algen und Bakterien mitbestimmt, wie eine Flechte wächst und welchen chemischen „Baukasten" sie sich zunutze macht. Manche sprechen heutzutage deshalb von einer „Flechten-Gemeinschaft" anstelle eines einzelnen Organismus.

Wenn man sich diese Informationen anschaut, kann man eigentlich sagen, dass so eine Flechte selbst schon ein richtiges Miniaturökosystem ist.

FLECHTEN HABEN NICHT NUR EINE SPANNENDE BIOLOGIE und einen großen Artenreichtum (wir kennen etwa 20.000 Arten), sie gehören auch zu den widerstandsfähigsten Lebewesen überhaupt. Flechten können in den extremsten Lebensräumen überleben, von der eisigen Tundra bis zur heißen Wüste, vom Carportdach bis zum Straßenrand. Schätzungen zufolge bedecken sie etwa sechs bis acht Prozent der Landoberfläche der Erde und nehmen damit mehr Fläche ein als manche tropischen Regenwälder. Interessanterweise findet man Flechten besonders häufig dort, wo komplexe Pflanzen Schwierigkeiten haben zu gedeihen, beispielsweise auf nacktem Fels oder in nahezu staubtrockenen Gebieten. Sie können sich mithilfe verschiedener Formen und Strategien – etwa dicker Gewebeschichten als Schutz vor starker Strahlung – perfekt an extreme Bedingungen anpassen. Auch der Wassermangel scheint sie kaum zu stören: Flechten können Trockenphasen auf „Sparflamme" überdauern und werden erst dann wieder aktiv, wenn genügend Feuchtigkeit zur Verfügung steht. Manche Flechten überdauern klirrende Kälte oder starke Hitze, indem sie ihren Stoffwechsel herunterfahren.

So robust Flechten auch sind – wenn's um verschmutzte Luft geht, sind sie echte Sensibelchen. Rauch, Schwefeldioxid (SO_2) oder andere Abgase können ganze Gebiete fast aller Flechten berauben. Wenn seltene Arten plötzlich wieder auftauchen, kann man sich hingegen freuen: Das ist meist ein gutes Zeichen für saubere Luft. Genau deshalb eignen sich diese Organismen so gut zur Überwachung von Umweltbelastungen!

Neben ihrer Rolle als Bioindikatoren übernehmen Flechten oft entscheidende Pionierfunktionen. Sie gehören zu den ersten Organismen, die karge oder neu entstandene Lebensräume wie Gletschervorfelder, Vulkaninseln oder felsige Gebirgsregionen besiedeln. Mit organischen Säuren zersetzen sie Gestein langsam und fördern dadurch die chemische Verwitterung. So reichern sie organisches Material

Man kann sich sehr gut in der Betrachtung des Farben- und Formenreichtums eines flechtenbewachsenen Astes verlieren.

an und bereiten nach und nach fruchtbaren Boden für Moose, Farne und andere Pflanzenarten vor. In besonders trockenen Gebieten bilden flechtenreiche Bodenkrusten außerdem eine stabile Oberfläche, die feinen Sand fixiert und ihn vor Wind- und Wassererosion schützt. Dadurch erleichtern sie weiteren Organismen, in diesen extremen Lebensräumen Fuß zu fassen.

In der Tundra bilden sogenannte Rentierflechten (meist *Cladonia*-Arten) dichte Teppiche, die eine unverzichtbare Nahrungsquelle für Rentiere darstellen – besonders im Winter, wenn kaum andere Pflanzen verfügbar sind. Ohne Flechten sähen die weiten Landschaften Skandinaviens, Alaskas oder Nordkanadas wahrscheinlich ganz anders aus, da nicht nur Rentiere, sondern auch die Menschen, die von ihnen leben, auf diese Flechten angewiesen sind.

Weil Flechten so außergewöhnlich widerstandsfähig sind, dienen sie sogar als Modellorganismen für die Astrobiologie. In verschiedenen Weltraumexperimenten wurden Flechtenarten bereits extremen Bedingungen wie Vakuum, starker kosmischer Strahlung und enormen Temperaturschwankungen ausgesetzt – etwa an der Außenseite von Raumkapseln oder auf speziellen Plattformen, in denen sie dem nackten, kalten All ausgesetzt werden. Erstaunlicherweise zeigte sich, dass viele der untersuchten Flechten selbst diese harten Belastungen gut überstanden oder sich anschließend schnell wieder erholten.

Bei der Fortpflanzung von Flechten kann man nur staunen – wie so oft, wenn Pilze beteiligt sind. Zwar bilden Flechten Sporen, doch diese allein reichen nicht aus. Die Sporen müssen erst auf eine passende Alge oder ein Cyanobakterium treffen, bevor daraus wieder eine neue Flechte entstehen kann. Dass das eine ziemliche Glückssache ist, liegt auf der Hand. Deshalb setzen Flechten zusätzlich auf einen cleveren Plan B: Sie schnüren winzige „Päckchen" von ihrem Körper ab, in denen Pilz und Alge schon gemeinsam auf Reisen gehen. So ersparen sie sich die mühsame Suche nach einem geeigneten Symbiosepartner. Einige Flechtenarten nutzen zudem noch einen anderen Trick, die sogenannte Fragmentation: Teile ihres vielzelligen Körpers (Thallus) brechen ab und wachsen an einem neuen Standort eigenständig weiter. Doch das sind nur kleine Einblicke in das komplexe Fortpflanzungssystem der Flechten. Tatsächlich gibt es noch viel mehr – und teils deutlich kompliziertere – Mechanismen, deren Beschreibung aber hier den Rahmen sprengen würde.

Diese unglaubliche Variabilität macht Flechten allerdings zu einer Herausforderung für die Forschung. Im Gegensatz zu vielen Pflanzen, Moosen oder Pilzen lassen sich Flechten nur sehr schwer im Labor kultivieren. Versucht man, Pilz und Algenpartner auf künstlichen Nährmedien wachsen zu lassen, löst sich die Symbiose oft auf: Der Pilz wuchert getrennt weiter, oder es gedeiht nur die Alge allein. Das Zusammenspiel innerhalb der Flechte beruht nämlich auf speziellen Wechselwirkungen, die meist nur unter natürlichen, schwankenden Umweltbedingungen richtig funktionieren. Forschende, die sich mit Flechten beschäftigen, müssen deshalb häufig direkt in der Natur Proben sammeln, idealerweise mit einem kleinen

→ Die Rentierflechten haben ihren Namen daher, dass sie in den Wintermonaten eine wichtige Nahrungsquelle für Rentiere sind.

↓ In den Wäldern der dänischen Westküste findet man oft sehr viele Flechten.

FLECHTENFORMEN

Flechten kommen in allen möglichen Farben, Formen und Bauarten daher. Im Allgemeinen kann man sie in vier Typen einteilen:

BLATT- ODER LAUBFLECHTEN

Blatt- oder Laubflechten besitzen eine flächige Form und liegen ein wenig lose auf dem Untergrund auf. Sie kommen in verschiedenen Lebensräumen vor, wie beispielsweise auf Moosen oder auf Stein. Ihre gestaltliche Vielfalt ermöglicht es ihnen, unter verschiedenen Bedingungen zu überleben. Der „blattartige" Wuchs der Flechte dient dazu, die Lichtausbeute für die Photosynthese des Photobionten zu optimieren. Muss sich ja auch lohnen, die ganze Sache. Die Wachstumszone befindet sich an den Rändern der Flechte, dort breitet sie sich also immer weiter aus.

KRUSTENFLECHTEN

Krustenflechten bestehen aus vielen kleinen „Lagern", weshalb sie oft ein wenig versprenkelt aussehen. Sie können auf verschiedenen Oberflächen wie Pflanzenresten, auf Moosen, Rinden oder direkt auf der Erde wachsen. Sie haben eine körnige, firnisartige oder schorfige Textur und bilden manchmal eine Art „Scheinrinde" durch das Absterben der obersten Schicht.

Die Flechte liegt komplett am Untergrund auf, steht also nirgends ab, anders als die Blattflechten.

GALLERTFLECHTEN

Gallertflechten bilden sich, wenn Pilze mit Cyanobakterien eine Symbiose eingehen. Diese Flechten zeichnen sich durch ihr ein bisschen schwabbeliges Aussehen aus, wenn sie nass werden, und ihre Farbe reicht von schwärzlich bis dunkeloliv. Sind sie trocken, werden sie brüchig und können schwarz, grau oder braun erscheinen. Die Form des Gebildes wird dabei von den Bakterien bestimmt.

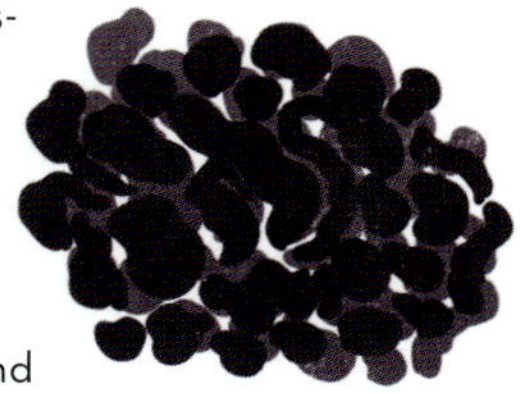

STRAUCHFLECHTEN

Wie der Name schon sagt, ist diese Wuchsform strauchförmig. Es gibt also kleine astartige Verzweigungen, die an ihren Enden immer weiter in die Höhe wachsen. Viele meiner Lieblingsflechten gehören zu dieser Gruppe, beispielsweise die kleinen *Cladonia*-Arten, die man auch als „Pixie Cups" bezeichnet, also „Elfenbecher".

Stück des Untergrunds, auf dem sie wachsen. Für die genaue Artbestimmung sind dann Feinmerkmale entscheidend, zum Beispiel die Struktur der Oberfläche, die Farbe der Unterseite oder spezielle chemische Reaktionen. Immerhin sind Flechten haltbar: In getrocknetem Zustand lassen sie sich recht lange aufbewahren.

FLECHTEN HABEN IM LAUFE IHRER LANGEN ENTWICKLUNGSGESCHICHTE nicht nur eine erstaunliche Fülle an Formen, sondern auch an sekundären Inhaltsstoffen hervorgebracht. Man weiß heute, dass Flechten mehr als 1000 verschiedene Verbindungen produzieren können, von denen viele in keiner anderen Organismengruppe vorkommen. Einige dienen als Fraßschutz gegen Tiere, andere wiederum schützen vor mikrobiellen Infektionen. Manche wirken wie eine Art natürliches „Sonnenschutzmittel“, was besonders in hochalpinen oder polaren Regionen nützlich ist.

Bestimmte Flechten werden seit Jahrhunderten von Menschen gezielt genutzt.

Bestimmte Flechten werden seit Jahrhunderten von Menschen gezielt genutzt. Eins der bekanntesten Beispiele ist vermutlich Lackmus, den man aus verschiedenen Krustenflechten wie *Roccella* sp. gewinnen kann. Lackmus dient als pH-Indikator und zeigt durch Farbumschlag an, ob eine Lösung sauer oder basisch ist. Ein anderes Beispiel ist Eichenmoos *(Evernia prunastri)*, das in der Duftindustrie Anwendung findet, weil es ein sehr erdiges, warmes Aroma besitzt und in Parfüms als Fixateur dient. Hinzu kommen verschiedene Farbstoffe: Mit Flechten lassen sich Braun-, Gelb-, Grün-

und sogar Rottöne erzeugen. Diese Farben wurden traditionell zum Färben von Stoffen verwendet. Besonders in Skandinavien und Schottland nutzte man sie gern für Wollstoffe – auf den schottischen Hebriden wird Tweed bis heute noch mit Flechten gefärbt. Schon in der Antike war das rötlich-violette Orseille, gewonnen aus *Roccella*-Flechten an der Mittelmeerküste und im Atlantik, nach Purpur einer der wertvollsten Farbstoffe. Ab dem 19. Jahrhundert wurden Flechtenfarben jedoch bis heute weitgehend von synthetischen Alternativen verdrängt.

Im medizinischen Bereich waren und sind Flechten ebenfalls von Interesse. Das sogenannte Islandmoos *(Cetraria islandica)*, das entgegen seinem Namen nicht nur in Island vorkommt und zudem gar kein Moos ist, wird bei Erkältungs- oder Atemwegserkrankungen eingesetzt. Sein leicht bitterer Schleim kann reizlindernd wirken. Darüber hinaus vermutet man, dass verschiedene Flechtenstoffe antivirale oder entzündungshemmende Eigenschaften besitzen. Noch ist dieser Forschungszweig relativ jung, doch man geht davon aus, dass in Flechten – ähnlich wie bei anderen Pilzen – noch etliche potenzielle Wirkstoffe schlummern könnten, die sich künftig für Arzneimittel nutzen lassen.

IM LAUFE DER LETZTEN JAHRZEHNTE sind viele Flechtenarten selten geworden oder ganz verschwunden. Schuld daran ist häufig die Luftbelastung mit Schadstoffen: Vor allem in Großstädten halten oft nur noch robuste, schmutztolerante Arten durch. Gleichzeitig fehlen in der Landschaft zunehmend alte Bäume und Totholz – wichtige Lebensräume für viele empfindliche Flechten. Aber auch die intensive Nutzung von Pestiziden und Düngemitteln in der Landwirtschaft sowie das Verschwinden alter Streuobstwiesen und die Intensivierung der Forstwirtschaft tragen dazu bei, dass es Flechten vielerorts schwer haben. Ein interessanter Ansatz, um Flechten zu schützen oder zumindest ihr Verschwinden zu dokumentieren, sind sogenannte Citizen-Science-Projekte – also Projekte, an denen die Bevölkerung mitwirken kann. An zahlreichen Orten werden Freiwillige dazu eingeladen, Flechten zu fotografieren, zu bestimmen (manchmal mit Bestimmungshilfen) und diese Funde in Onlinedatenbanken einzutragen. So entsteht ein breit gefächertes Bild über Artenverteilung und Standortfaktoren. Flechten sind dafür prädestiniert, weil sie zum einen gut sichtbar sind (man muss nicht graben oder klettern, sondern kann sie direkt an Baumrinden oder Mauern entdecken), und zum anderen, weil ihr Vorkommen tatsächlich viel über die Umweltbelastung vor Ort aussagt. Die genaue Bestimmung ist selbst für Geübte oft eine Herausforderung, aber schon eine grobe Richtung kann hilfreich sein. Vor allem, wenn man so an Bilder kommt, die dann Forschende genauer bestimmen können. Und die Daten helfen enorm: Wenn in einer Region plötzlich empfindlichere Arten auftauchen, könnte das bedeuten, dass Luftschadstoffe zurückgegangen sind. Umgekehrt ist es ein Alarmsignal, wenn robuste Allerweltsflechten dominieren und empfindlichere Exemplare verschwinden.

In Deutschland beispielsweise sind einige Flechten bereits streng geschützt, weil ihre Bestände dramatisch abgenommen haben. Ein typisches Beispiel ist die Eichen-Säulenflechte *(Cladonia parasitica)*, die hauptsächlich auf stark verrottendem Eichenholz wächst. Solche Habitate sind selten geworden, da alte Eichen häufig gefällt wurden und gerade in stark bewirtschafteten Wäldern das Totholz oft abgeräumt wird. In Schleswig-Holstein ist diese Art wieder aufgetaucht, was Flechtenkundler:innen sehr erfreut hat – offenbar gibt es in manchen Ecken noch Rückzugsräume, in denen sie überdauern konnte.

Andere Arten wie Schraders Gallertflechte *(Leptogium schraderi)*, die gern auf Mörtel alter Mauern wächst, oder die Rinden-Gelbflechte *(Xanthomendoza huculica)*, die lange nur aus Süddeutschland bekannt war, sind bei uns im Norden meist eher Raritäten. Werden sie in einer Gegend entdeckt, ist das oft ein Hinweis darauf, dass bestimmte Klima- und Luftwerte stimmen – oder sich eben verbessert haben. Solche Funde sind nicht nur für Universitäten interessant, sondern auch für Naturschutzbehörden, weil sie zeigen, wo sich noch intakte Mikrohabitate verbergen. Streuobstwiesen sind solche wertvollen Rückzugsräume. Da dort hochstämmige Obstbäume altern dürfen und wenig intensiv bewirtschaftet wird, können sich auf den Baumrinden zahlreiche Flechten ansiedeln – einschließlich empfindlicher Arten. Leider gehen diese traditionellen Wiesen in vielen Regionen zurück, was sich negativ auf die Flechtenvielfalt auswirkt. Darum gibt es verschiedene Initiativen, um Streuobstwiesen zu erhalten oder neu anzulegen, nicht nur aus Gründen der Landschaftsästhetik, sondern eben auch, um Biodiversität zu fördern!

WAS IST TOTHOLZ EIGENTLICH?

Hinter unserem Haus fließt ein Bach, in den seit Kurzem ein alter Baum ragt, der bei einem der letzten Stürme umgestürzt ist. Zuerst dachte ich, jemand würde ihn bald entfernen, aber er blieb liegen – zum Teil im Wasser, zum größeren Teil am Ufer. Schon nach wenigen Wochen zeigte sich, dass sich unzählige Lebewesen angesiedelt hatten: Pilze wuchsen mit ihren Fruchtkörpern aus den kleinen Rissen im Holz, Enten suchten Schutz und Nahrung zwischen den Ästen im Wasser, und irgendwann zeigten sich die ersten Fraßgänge von Käferlarven. Eine wunderbare Grundlage für neues Leben war entstanden.

Totholz gilt in vielen Ökosystemen als einer der wichtigsten Bausteine der biologischen Vielfalt – ob als abgebrochener Ast am Wegrand, als riesiger Stamm im Wald oder gar als Treibholz im Meer: Totholz durchläuft eine Reihe von Verwandlungen und erschließt dabei anderen Lebewesen immer wieder neue Lebens- und Nahrungsräume.

Fachleute verstehen unter „Totholz" alle abgestorbenen oder absterbenden verholzten Pflanzenteile – vom toten Baumstamm über Äste und Wurzeln bis hin zu einfachen holzigen Fruchtzapfen. Entscheidend ist, dass diese Pflanzenteile das typische Holzgewebe (Xylem) besitzen, ein Stütz- und Transportsystem, das höherwüchsige Pflanzen während ihres Wachstums ausbilden. Solange ein Baum oder Strauch lebt, leitet er Wasser und Nährstoffe durch dieses System. Stirbt ein Teil der Pflanze ab, bleibt das Holzgerüst erhalten und beginnt sich langsam zu zersetzen. Wie schnell dieser Prozess abläuft, hängt unter anderem von Temperatur, Feuchtigkeit sowie davon ab, welche Pilze und Insekten sich ansiedeln.

Interessant dabei ist, dass auch lebendes Holz bereits viele abgestorbene Zellen enthält. Besonders bei älteren Bäumen nimmt der innere Kern häufig nicht mehr aktiv am Wassertransport teil. Wenn Pilze oder Tiere diese inneren Bereiche besiedeln, entsteht sogar im noch lebenden Baum Totholz – etwa in Form sogenannter Mulmhöhlen. Solche Übergangsstadien sind ökologisch besonders wertvoll.

Holz besteht hauptsächlich aus Cellulose, Hemicellulose und Lignin, wobei Letzteres das dunkle, stabile Gerüstmaterial bildet. Während die Cellulose lange, feste Faserstränge formt, sorgt das Lignin dafür, dass das gesamte Gewebe stabil

bleibt. Durch diesen Prozess der Verholzung erhalten Pflanzen erst die nötige Festigkeit, um sehr hoch zu wachsen und oft Jahrzehnte oder sogar Jahrhunderte alt zu werden. Stirbt das Holz jedoch ab, verliert es seine Abwehrkräfte gegen Mikroorganismen und wird zunehmend anfällig für Zersetzungsprozesse. Pilzsporen dringen ein, Insektenlarven bohren sich durch das Gewebe, und mit der Zeit sammelt sich Feuchtigkeit im Inneren an, sodass das Holz weich und durchlässig wird.

Interessanterweise zersetzen nicht alle Pilze das Holz auf dieselbe Weise: Einige Arten bauen vor allem das Lignin ab, wodurch ein helles, faseriges Gewebe zurückbleibt, das als Weißfäule bekannt ist. Andere Pilze wiederum greifen hauptsächlich die Cellulose an, sodass das Holz trocken und brüchig wird und schließlich in rotbraune, würfelförmige Stücke zerfällt – ein Prozess, der als Braunfäule bezeichnet wird, weil hierbei vor allem der braune Ligninanteil erhalten bleibt.

Totholz besitzt zudem eine erstaunlich gute Fähigkeit, Wasser zu speichern. Obwohl es abgestorben ist, bleibt die innere Struktur oft lange intakt und enthält unzählige winzige Hohlräume. Dadurch kann das Holz wie ein Schwamm Feuchtigkeit aus dem Boden, von Niederschlägen und sogar aus Nebel aufnehmen und zwischen seinen Fasern speichern. Besonders im Hochsommer zeigt sich diese Eigenschaft deutlich: Hebt man dann ein größeres Stück Totholz an, entdeckt man darunter häufig eine feuchte Stelle. Diese Stellen sind wie kleine Oasen im Wald. Asseln, Tausendfüßer, Pilze, Springschwänze und Co. finden dort selbst in trockenen Sommern noch ein Refugium. Totholz stabilisiert so das lokale Klima und speichert gleichzeitig wertvolle Nährstoffe, die später bei der Zersetzung den Boden bereichern.

Totholz begegnet uns überall – nicht nur in den unberührten Winkeln unserer Wälder, sondern ebenso in den dynamischen Auenlandschaften entlang der Flüsse, mitten in unseren Städten und in den von uns geprägten Kulturlandschaften. Besonders in Wäldern ist Totholz ein unverzichtbarer Bestandteil des Ökosystems, denn abgestorbene Bäume – ganz gleich ob stehend oder liegend – bleiben oft über Jahrzehnte erhalten und bieten dadurch wertvollen Lebensraum für zahlreiche Tier-, Pilz- und Pflanzenarten. In naturbelassenen Wäldern, in denen der Mensch kaum oder gar nicht eingreift, ist der Anteil an Totholz häufig besonders groß. Gerade diese strukturreichen Ecken empfinde ich persönlich als besonders spannend, da sich dort immer wieder etwas Neues entdecken lässt.

↖ Neben Insekten-Selfies gehören auch Pilz-Selfies für mich zum guten Ton.

↗ Die Braunfäule erkennt man am würfelartigen Bruch.

AN UND IN GEWÄSSERN wie Flüssen und Bächen erfüllt Totholz ebenfalls wichtige Funktionen. Abgebrochene Äste und manchmal sogar ganze Baumstämme werden von der Strömung mitgenommen, bis sie sich irgendwann in Uferzonen verfangen. Dort verändern sie nach und nach das Erscheinungsbild des Gewässers: Sie bremsen zum Beispiel die Strömung, schaffen geschützte Rückzugsorte für Fische und sorgen durch ihre natürliche Barrierewirkung dafür, dass sich kleine Tümpel bilden können.

Auch in unseren Städten begegnet uns Totholz immer häufiger, zum Beispiel in Parks und Grünanlagen, wo Baumstämme oder Äste bewusst liegen gelassen werden – sei es als Teil naturnaher Gestaltungskonzepte oder um dringend benötigte Rückzugsorte für Insekten und Kleintiere zu schaffen. Solche Ecken wirken

VERSCHIEDENE FORMEN UND ARTEN VON TOTHOLZ

STEHENDES TOTHOLZ

Wenn ein Baum vollständig abstirbt, aber dennoch aufrecht stehen bleibt, entsteht ein besonderer Lebensraum für zahlreiche Arten. In den oft morsch werdenden Bereichen legen Spechte und andere Höhlenbrüter ihre Nester an. Das feste, sonnenbeschienene Holz ist zudem ein bevorzugter Ort für Larven von Prachtkäfern und anderen xylobionten Insekten - also Arten, die auf Totholz angewiesen sind, weil sie sich darin entwickeln oder davon ernähren. Sie schätzen das warme, trockene Mikroklima. Da die Baumkrone häufig schon kahl ist, dringt viel Licht bis in die Rinde und fördert das Wachstum von Flechten und Moosen.

LIEGENDES TOTHOLZ

Stürzt ein Baum um, wandelt sich das Ökosystem stark. Auf dem Boden sammelt sich Wasser im Holz, das dadurch über lange Zeit gleichmäßig feucht bleibt. Diese Bedingungen kommen Pilzen, Flechten, Asseln und Schnecken zugute, die Feuchtigkeit lieben und gemeinsam für eine rasche Zersetzung sorgen. In den Spalten und unter der lockeren Rinde finden zudem Reptilien und Amphibien Rückzugsorte und Überwinterungsquartiere.

KLEINSTRUKTUREN

Nicht nur große Stämme oder Äste, sondern auch hohle Zweige, verholzte Zapfen und kleine, halb vermoderte Bruchstücke sind für viele Organismen hochinteressant. So legen etwa Holzwespen ihre Eier gern in dünnen, noch relativ festen Ästen ab, während Pilze von Minihohlräumen in Zapfen profitieren. Selbst kleine Rindenstücke schaffen Spalten für unzählige Kleinstlebewesen und bilden so einen eigenen Mikrokosmos aus winzigen Totholznischen.

→ Diese Rote Samtmilbe *(Trombidium holosericeum)* ist vermutlich auf der Suche nach Insekteneiern oder kleinen Beutetieren.

in urbanen Räumen oft wie kleine Rettungsinseln, denn natürliche Lebensräume sind dort meistens rar.

In landwirtschaftlich genutzten Regionen finden wir Totholz ebenfalls, allerdings leider meist nur in kleinen Mengen. Alte Bäume mit abgebrochenen Ästen stehen zum Beispiel auf Streuobstwiesen, in kleinen Gehölzgruppen oder entlang von Wegrändern und bieten mit ihren Höhlen wertvollen Lebensraum für Vögel, Käfer und Pilze.

Früher entfernte man Totholz fast vollständig aus Wäldern und Landschaften, entweder um es als Brennmaterial zu nutzen oder um vermeintlich „Ordnung“ in der Natur zu schaffen. Heute wissen wir jedoch, dass diese Praxis zahlreiche Tier- und Pilzarten verdrängt hat, was erhebliche ökologische Schäden verursachte. Moderne Forstkonzepte gehen deshalb bewusst einen anderen Weg: Abgestorbene Bäume bleiben stehen oder liegen, um Nährstoffe zurück in den natürlichen Kreislauf zu bringen und die Artenvielfalt aktiv zu fördern – ein entscheidender Beitrag zur Gesundheit unserer Wälder.

KÄFER: DIE SUPERSTARS IM TOTHOLZ

Neben den unzähligen kleinen Lebewesen profitieren auch größere Tiere wie Vögel und Säugetiere von Totholz. Viele Spechtarten suchen sich beispielsweise gezielt solche Bereiche aus, in denen das Holz bereits weich und angegriffen ist, weil sie

DIE ZERSETZER: WER ZERLEGT DAS TOTE HOLZ?

In der Natur wird nichts verschwendet: Viele Organismen haben sich auf die Zersetzung von Totholz spezialisiert, um an die darin gebundenen Nährstoffe zu kommen.

PILZE

Ohne sie würde abgestorbenes Holz vermutlich ewig liegen bleiben. Pilze sind die einzigen Lebewesen, die mit speziellen Enzymen wie Cellulase und Laccase sowohl Cellulose als auch Lignin abbauen können. Besonders Lignin, das das Holz stabil und widerstandsfähig macht, stellt eine echte Herausforderung dar – kaum ein anderer Organismus kommt damit klar. Doch Pilze knacken selbst diese robuste Struktur und machen ihre Nährstoffe für andere Lebewesen verfügbar.

INSEKTEN

Viele Käferlarven ernähren sich von Holz. Bockkäfer, Prachtkäfer und Borkenkäfer legen ihre Eier in Rindenspalten. Die geschlüpften Larven fressen sich tief ins Holz hinein und hinterlassen verzweigte Fraßgänge. Diese Gänge lockern das Material auf, lassen Luft und Feuchtigkeit eindringen und schaffen ideale Bedingungen für Pilze und Mikroorganismen.

WEITERE WIRBELLOSE

Asseln, Spinnen, kleine Schnecken, Ameisen und Wespen tauchen in der zersetzenden Holzlandschaft auf – jede Art mit ihrer ganz eigenen Rolle. Manche fressen Holz oder Pilzgeflechte, andere jagen Insekten und wieder andere bauen ihre Nester in den entstehenden Hohlräumen. Im Totholz wuselt es sehr!

MIKROORGANISMEN

In feuchten Holzbereichen wimmelt es von winzigen Organismen. Bakterien, eukaryotische Einzeller und Kleinstpilze besiedeln die Oberfläche und die Fraßgänge der Insekten. Sie setzen den Abbau fort, wandeln Holzbestandteile in Nährstoffe um und sorgen dafür, dass kein Molekül ungenutzt bleibt. Am Ende ist das Holz so gut zersetzt, dass sich das, was noch übrig ist, in den Waldboden integriert und einfach zu Humus wird.

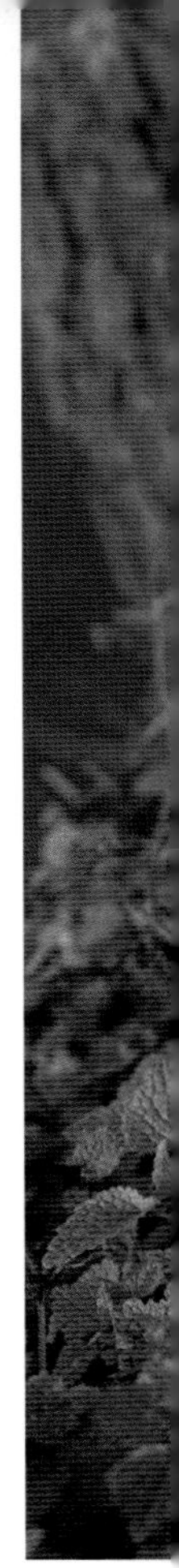

dort leichter Bruthöhlen herausarbeiten können. Diese Höhlen werden später von anderen Vogelarten wie Meisen oder Kleibern genutzt – manchmal ziehen sogar kleinere Säugetiere ein. Oft sind an abgestorbenen Baumstämmen keilförmige Hackspuren sichtbar, die zeigen, wo ein Specht nach Käferlarven oder Holzwespen gesucht hat.

Auch Fledermäuse profitieren vom Totholz, da sie gern Spalten und Hohlräume in alten, halb vermoderten Bäumen als Tagesverstecke nutzen. Vor allem in Buchen und Eichen bilden sich im Lauf der Zeit Risse, Astlöcher und Pilzhöhlen, die den Fledermäusen ideale Bedingungen bieten. Ebenfalls auf diese Strukturen angewiesen sind Bilche, etwa Sieben- oder Gartenschläfer. Sie nutzen hohle Baumstämme oder Wurzelstümpfe, um sich dort tagsüber zusammenzurollen oder ihren Nachwuchs großzuziehen. Selbst Füchse oder Dachse können manchmal im Bereich umgestürzter Wurzelteller geeignete natürliche Unterschlüpfe finden.

Doch obwohl größere Tiere auffällig sind und unsere Aufmerksamkeit leicht auf sich ziehen, spielen sie beim Thema Totholz eigentlich nur eine Nebenrolle. Die wahre Vielfalt und Fülle an Leben entfaltet sich vielmehr auf einer kleineren Ebene – und genau um die geht es ja in diesem Buch, nicht?

↖ **Diesen Bockkäfer habe ich aus der Einfahrt hinter unserem Haus gerettet und in Sicherheit gebracht.**

↗ **Dieser Stamm wurde schon fleißig von Holzzersetzern bearbeitet.**

IN DER FASZINIERENDEN, VIELFÄLTIGEN WELT DER INSEKTEN spielen Käfer eine herausragende Rolle. Zahlreiche Arten, insbesondere die bereits erwähnten xylobionten Käfer, sind eng mit Holz verbunden und verbringen dort einen bedeutenden Teil ihres Lebens. Ein besonders eindrucksvolles Beispiel ist der Hirschkäfer *(Lucanus cervus)*, der nicht nur durch seine beachtliche Größe – er ist der größte Käfer Europas –, sondern auch durch die geweihartigen Kiefer der Männchen beeindruckt. Seine Larven entwickeln sich bevorzugt in lockerem, verrottendem Eichenholz, oft im unteren Stammbereich oder sogar direkt zwischen den Wurzeln. Da diese Art auf große, ungestörte Totholzstrukturen angewiesen ist, leidet sie unter den zunehmenden „Aufräumaktionen" in unseren Wäldern und Parks. Um dem entgegenzuwirken, werden im Naturschutz vermehrt spezielle Projekte zum Schutz potenzieller Hirschkäfer-Lebensräume ins Leben gerufen.

Ein ähnlich faszinierender Bewohner des Holzes ist der Eremit *(Osmoderma eremita)*, der bevorzugt in Mulmhöhlen alter Laubbäume, insbesondere Linden und Eichen, lebt. In Hamburg ist er ausschließlich im Jenischpark an einer bestimmten

Stelle zu finden. Seine Larven entwickeln sich im feuchten, zerfallenen Holz im Inneren des Stammes und benötigen etwa drei bis vier Jahre, bis sie ausgewachsen sind. Oft wird er nur zufällig entdeckt, wenn man in einer solchen Höhle nach anderen Tieren oder Pilzen sucht. Der Käfer selbst ist eher unauffällig bräunlich gefärbt und wird aufgrund seiner versteckten Entwicklung auch als „Einsiedler" bezeichnet – daher der Name Eremit. Er verströmt einen leicht süßlichen, pflaumenartigen Geruch, den Forschende gezielt nutzen, um ihn aufzuspüren. Der Eremit steht in Deutschland auf der Roten Liste und gilt als stark gefährdet.

Auch der Heldbock *(Cerambyx cerdo)* gehört zu den bekannteren Käfern, die auf Totholz angewiesen – und leider ebenfalls sehr gefährdet sind. Seine großen Larven fressen fingerdicke Gänge in das Holz alter Eichen, vorzugsweise an sonnigen Standorten. Da sieht man wieder, dass viele totholzbewohnende Käfer echt wärmeliebend sind: Sie bevorzugen stehende Stämme oder abgesägte Hochstubben – also Baumstümpfe, die bewusst höher als gewöhnlich abgesägt wurden, damit sie als Lebensraum dienen können. Diese erwärmen sich in der Sonne besonders gut. An schattigen, dauerhaft feuchten Stellen entwickeln sich viele Arten hingegen nur langsam oder gar nicht. Auch Prachtkäfer bevorzugen solche sonnigen Plätze. Wer die metallisch schillernden Arten wie den Eichen-Prachtkäfer *(Eurythyrea quercus)* oder den Alpenbockkäfer *(Rosalia alpina)* einmal gesehen hat, versteht sofort, warum diese Insekten als Juwelen der Natur gelten! Ihre Larven hinterlassen charakteristische, oft flache Gänge direkt unter der Rinde, die sichtbar werden, wenn man vorsichtig ein Stück Rinde entfernt.

Borkenkäfer, die oft fälschlicherweise pauschal als „Schädlinge" bezeichnet werden, sind in Wirklichkeit wichtige Zersetzer und Recyclingspezialisten.

Neben den bereits genannten Arten spielen zahlreiche weitere Käferfamilien eine entscheidende Rolle im Totholzökosystem. Borkenkäfer (Scolytinae), die oft fälschlicherweise pauschal als „Schädlinge" bezeichnet werden, sind in Wirklichkeit wichtige Zersetzer und Recyclingspezialisten. Sie bohren ihre Brut- und Fraßgänge vor allem in die Rinde kranker oder bereits abgestorbener Bäume und beschleunigen so den Zersetzungsprozess. Das schafft Platz für neue Bäume und fördert die Waldverjüngung. Spechte und andere Insektenfresser profitieren von diesem Nahrungsangebot ebenso wie parasitische Wespen, die ihre Eier in die Borkenkäferlarven legen. Die Käfer schaffen neue Strukturen im Holz und erleichtern auch Pilzen und Mikroorganismen die Ausbreitung. Dass wir mit den Fichtenmonokulturen das Ökosystem aus dem Gleichgewicht gebracht haben und es durch den Klimawandel auch bei uns immer wärmer und trockener wird – perfekt für sie! –, ist nicht ihre Schuld. Wir haben Umstände geschaffen, unter denen sie sich unkontrolliert vermehren. Unter naturnahen Bedingungen bleibt ihre Population dagegen begrenzt, und sie erledigen einfach ihren Job, der im Ökosystem sehr wichtig ist.

Bockkäfer (Cerambycidae) sind im Totholz sehr artenreich und fallen oft schon durch ihre Größe und die typischen langen Antennen auf. Manche – wie der eben erwähnte Heldbock – bevorzugen Laubbäume und legen dort ausgedehnte Fraßgänge an, während der Sägebock *(Prionus coriarius)* eher im Nadelholz zu finden ist. Manch andere Art macht selbst vor verbautem Holz nicht Halt: Der Hausbockkäfer *(Hylotrupes bajulus)* siedelt sich gern in Dachstühlen an, schließlich ist ein Holzbalken aus biologischer Sicht auch einfach nur Totholz.

→ Das war mal ein Apfelbaum und ist jetzt das Zuhause unzähliger Käfer, Asseln, Spinnen und Co.

Käfer sind zweifellos die klassischen Bewohner von Totholz, aber natürlich nicht die einzigen. Viele andere Wirbellose wie Asseln, Springschwänze, Hundert- und Tausendfüßer tummeln sich in den feuchten Ritzen. Sie alle ernähren sich entweder vom Holz, von darin zappelnder Beute oder von Pilzgeflechten. Spinnen krabbeln zwischen losen Rindenplatten umher und nutzen die Gänge von Käferlarven, um Netze zu spinnen oder sich zu verstecken. Der eigentliche Star des Totholzes ist aber eine andere Gruppe, ohne die all das nicht möglich wäre: die Pilze.

HOLZZERSETZENDE PILZE

Ich bin mit den Hunden im Niendorfer Gehege. Es hat vor ein paar Tagen geregnet, und der Boden ist noch feucht. Zwischen Farnen und kleinen Gehölzen entdecke ich mehrere Baumstammstücke, die dort schon länger gelegen haben müssen. Die Rinde ist abgeplatzt, das Holz darunter sieht brüchig aus. Auf der Oberfläche wachsen leuchtend gelbe, bräunlich-rote und schneeweiße Pilze in den unterschiedlichsten Formen – knubbelig, fächerförmig, mit glänzenden Hüten oder wie winzige, bizarre Korallen.

Die holzzersetzenden Pilze, die ich eben schon angesprochen habe, bilden ein riesiges und vielfältiges Reich mit den unterschiedlichsten Arten und Lebensentwürfen. Mit ihren feinen Fäden, dem Myzel, durchziehen sie totes oder teilweise absterbendes Holz. Manche Pilzarten benötigen nur einen kleinen Riss oder eine Verletzung, um ins Innere eines noch lebenden oder schon toten Baumes vorzudringen. Dort machen sich ihre Enzyme an die Arbeit und bauen Cellulose, Hemicellulose oder Lignin ab.

Die holzzersetzenden Pilze bilden ein riesiges und vielfältiges Reich mit den unterschiedlichsten Arten und Lebensentwürfen.

Besonders häufig treffe ich hier auf das Judasohr *(Auricularia auricula-judae)*, auch bekannt als Mu-Err-Pilz. Dieser gallertartige Pilz wächst bevorzugt auf Holunder, kommt aber auch auf anderen Laubhölzern vor. Er sieht aus wie eine wackelige, ohrförmige Masse und kann immer wieder austrocknen und abermals Feuchtigkeit aufnehmen. Das Judasohr gehört zu den sogenannten Ohrlappenpilzen, die sich bei Berührung oft auch recht klebrig anfühlen. Der Gezonte Ohrlappenpilz *(Auricularia mesenterica)*

hat eine ähnliche gallertartige Konsistenz und wächst bevorzugt auf totem Holz von Laubbäumen. Man nennt ihn auch Falsches Judasohr, weil die sich durchaus ähnlich sehen.

Was ich im Niendorfer Gehege auch immer wieder entdecke, sind Schleimpilze (Myxomyceten). Mykologisch nehmen sie eine Sonderstellung ein, und tatsächlich halte ich sogar einen als Haustier! Ja, richtig gelesen. Lange Zeit wurden diese Lebenwesen fälschlicherweise den Pilzen zugeordnet, doch in Wahrheit gehören sie zu den amöbenähnlichen Organismen – also weder Pilz noch Tier.

← Diese Pilzfruchtkörper sind eigentlich nur die Fortpflanzungsorgane der Pilze. Der Pilz selbst sitzt verborgen vor unseren Blicken als Myzel im Holz.

← Pilze haben oft sehr lustige Namen. Diesen hier *(Crepidotus)* kennt man unter seinem Trivialnamen „Stummelfüßchen".

Auf den Streuobstwiesen der Wetterau findet man viele Totholz- und Steinhaufen, die für die Tiere extra liegen gelassen werden.

Dafür von beidem irgendwie ein bisschen was. Zu ihnen gehören bekannte Formen wie die Gelbe Lohblüte *(Fuligo septica)*, auch bekannt als „Hexenbutter". Schleimpilze sind bei ausreichend warmer und feuchter Witterung häufig an morschen Stämmen und liegendem, feuchtem Holz zu finden. Sie sind manchmal als gallertartige, leuchtend gelbe oder weiße Schleimmassen oder Pünktchen zu erkennen, die sich langsam über Rinde und Holzoberflächen ausbreiten.

Sie ernähren sich von Bakterien und anderen Mikroorganismen, aber auch von Pilzsporen und weiteren Substraten, die sie in ihrer Umgebung aufspüren. Ihre Lebensweise ist spannend: Schleimpilze beginnen als winzige einzellige Amöben, die frei im feuchten Substrat leben. Treffen zwei passende Zellen aufeinander, verschmelzen sie und bilden ein sogenanntes Plasmodium – eine riesige, kriechende Zellmasse ohne feste Form. Diese Masse wächst als zusammenhängende Struktur und kann auf der Suche nach Nahrung große Flächen bedecken. Das Plasmodium bewegt sich mit erstaunlicher Effizienz über Oberflächen, indem es dünne, netzartige Adern bildet, durch die das Protoplasma hin und her fließt. Bei *Physarum polycephalum* wurde eine Fließgeschwindigkeit von bis zu 1,35 Millimetern pro Sekunde gemessen – ein unglaubliches Tempo für Mikroorganismen.

Wenn die Bedingungen ungünstig werden, zum Beispiel bei Trockenheit, geht der Schleimpilz in die nächste Phase über: Er bildet Fruchtkörper, also kleine

gestielte Gebilde, in denen Sporen heranreifen. Diese Sporen sind sehr widerstandsfähig und können auch die ungünstigsten Umweltbedingungen überdauern, bis sie wieder besser werden.

Schleimpilze zeigen faszinierende Verhaltensweisen, die erstaunlicherweise an Problemlösungsstrategien erinnern. In einem Experiment wollten japanische Forschende testen, ob der Schleimpilz *Physarum polycephalum* den effizientesten Weg zwischen mehreren Nahrungsquellen finden kann. Dazu verteilten sie Haferflocken – eine bevorzugte Nahrung des Schleimpilzes – auf einer Oberfläche, wobei jede Haferflocke die Position einer Stadt im Großraum Tokio darstellte. Der Schleimpilz wurde in die Mitte gesetzt. Zu Beginn breitete sich der Schleimpilz wahllos in alle Richtungen aus, um Nahrung zu suchen. Nach einer Weile zog er sich jedoch von den ungünstigeren, längeren Routen zurück und konzentrierte sich darauf, die kürzesten und effizientesten Verbindungen zwischen den Haferflocken zu „bedienen". Überraschend dabei war, dass das so entstandene Netzwerk den tatsächlichen Bahnverbindungen rund um Tokio stark ähnelte. Das deutet darauf hin, dass Schleimpilze auf natürliche Weise optimale, effiziente Verbindungswege finden können – und dass das Bahnnetz im Raum Tokio sehr effizient geplant war.

Aber wie ist das alles möglich, ohne Nervensystem oder Gehirn? Man vermutet, dass Schleimpilze eine Art biochemisches Gedächtnis haben: Sie speichern Muster früherer Bewegungen, priorisieren effizientere Routen und verwerfen die, bei denen der Weg zur schmackhaften Belohnung zu weit war. Diese Fähigkeit wird sogar in der Forschung genutzt, um das Verhalten neuronaler Netze zu analysieren und zu optimieren.

Schleimpilze liefern aber nicht nur Erkenntnisse über intelligentes Verhalten bei einfachen Organismen, sondern auch über biologische Prozesse mit praktischer Anwendung. So wurden in einigen Arten Substanzen entdeckt, die als Antibiotika oder Krebstherapeutika vielversprechend sind.

MIKROORGANISMEN

Schleimpilze können durchaus zu den Mikroorganismen gezählt werden – ähnlich wie Pilze, die zwar oft makroskopisch durch ihre Fruchtkörper in Erscheinung treten, deren eigentlicher Organismus aber das feine, meist mikroskopisch kleine Myzel im Untergrund ist. Totholz ist ein wahrer Mikrokosmos, in dem es von Kleinstlebewesen nur so wimmelt: Bakterien, Hefepilze und unzählige andere einzellige oder mikroskopisch kleine Organismen tummeln sich in diesem Lebensraum. An den Oberflächen zersetzen zahlreiche Bakterien organisches Material oder nutzen die Stoffwechselprodukte, die von Pilzen ausgeschieden werden. Manche Bakterien bilden Biofilme, die winzigen Teppichen ähneln und versteckt in feuchten Gängen haften. Man kann sich das Innere eines morschen Baumstamms als verzweigtes Netzwerk vorstellen, in dem Bakterien, Kleinstpilze und andere Mikroorganismen um Nährstoffe konkurrieren, sich gegenseitig parasitieren oder in positiver Symbiose leben. Besonders gut lässt sich dieses Zusammenspiel in den Fraßgängen bestimmter Käfer beobachten, wenn man sie unter dem Mikroskop untersucht. Käferlarven scheiden Holzreste aus, in denen Pilzsporen keime, Bakterien heften sich an Pilzhyphen, und Schleimpilze wiederum ernähren sich von diesen Bakterien. Was auf den ersten Blick so simpel erscheint – Holz fällt um, wird feucht, vergeht –, entpuppt sich bei genauerer Betrachtung als ein dicht verwobenes Labyrinth aus Interaktionen. Für den Menschen bleibt dieser Mikrokosmos meist verborgen, es sei denn, man taucht tief in die Welt der Pilz- und Mikrobenforschung ein.

TOTHOLZ UND MENSCH

Der Umgang mit Totholz war lange Zeit von Unsicherheiten und Missverständnissen geprägt. In der Forstwirtschaft galt Totholz als Problem: Man befürchtete, dass es Insekten anzieht, die Bäumen schaden könnten, dass es Brände begünstigt oder sogar zur Gefahr für Waldbesucher:innen wird. Deshalb wurde alles Abgestorbene konsequent beseitigt. Auch das Ordnungsbedürfnis vieler Menschen spielte eine Rolle – ein aufgeräumter Wald wirkt auf den ersten Blick gesünder. Besonders in Fichtenmonokulturen war diese Praxis üblich. Abgestorbene Bäume wurden schnell entfernt, die Bewirtschaftung lief reibungslos, und der Ertrag blieb hoch. Doch dafür zahlte man einen hohen Preis: Artenvielfältige Lebensräume verschwanden, und die Widerstandskraft des Waldes litt darunter. Zum Glück beginnt mittlerweile ein Umdenken.

Der Umgang mit Totholz war lange Zeit von Unsicherheiten und Missverständnissen geprägt.

Forschungen zeigen, dass Totholz kein Zeichen von Vernachlässigung ist, sondern ein Schlüssel zu gesunden und widerstandsfähigen Wäldern. Es fördert die Artenvielfalt, speichert Wasser, stabilisiert das Mikroklima – und sichert so auch langfristig die Wirtschaftlichkeit der Wälder. Es stellt sich also nicht mehr die Frage, ob Totholz entfernt werden soll, sondern wie viel Totholz dem Wald gelassen werden muss, damit er weiterhin funktionieren kann.

Um dem Verlust von Totholz-Lebensräumen entgegenzuwirken, gibt es verschiedene Schutzkonzepte, die zunehmend an Bedeutung gewinnen. Eine der wichtigsten Maßnahmen ist die Etablierung von Naturwaldreservaten. In diesen Gebieten bleibt der Wald vollständig sich selbst überlassen – es wird nicht mehr gefällt oder aufgeforstet, umgestürzte Bäume dürfen liegen bleiben. Ziel ist es, natürliche Prozesse wiederherzustellen und Arten zu schützen, die in Wirtschaftswäldern kaum noch überleben. Allerdings machen Naturwälder nur einen kleinen

Teil der Waldfläche in Deutschland aus, und viele Reservate sind zu klein, um langfristig stabile Populationen seltener Arten zu sichern.

Deshalb wird auch in bewirtschafteten Wäldern zum Glück durch verantwortungsvolle Waldbesitzer:innen und Forstleute verstärkt auf naturnahe Waldwirtschaft gesetzt. Konzepte wie das „Lübecker Modell" oder der Prozessschutz sehen vor, mehr Totholz in den Wäldern zu belassen, „Habitatbäume" gezielt zu schützen und den Anteil von Mischwäldern zu erhöhen. Gerade in öffentlichen Wäldern, etwa in Nationalparks und Schutzgebieten, wird verstärkt darauf geachtet, alte Bäume nicht mehr vorschnell zu entfernen! Zusätzlich gibt es gezielte Förderprogramme, um Waldbesitzende für den Schutz von Totholz zu sensibilisieren. Einige Bundesländer unterstützen Maßnahmen wie das Anlegen von „Altholzinseln" – kleine Waldflächen, in denen über Jahrhunderte hinweg kein Holz mehr entnommen wird. Langfristig ist jedoch ein vernetztes und einheitliches Schutzkonzept entscheidend. Viele Arten, die auf Totholz angewiesen sind, brauchen größere, zusammenhängende Gebiete. Deshalb setzen sich Naturschutzorganisationen für einen stärkeren Biotopverbund ein, der Waldschutzgebiete besser miteinander verknüpft und Totholz nicht nur als Nischenphänomen, sondern als festen Bestandteil unserer Wälder etabliert!

→ Ohne Totholz könnten diese Weißstörche *(Ciconia ciconia)* kein Nest bauen.

DAS LEBEN
— IM KRAUT

Die meisten Wildbienen brauchen gar keine Insektenhotels, sondern offene Bodenflächen zum Nisten – so wie diese Rotpelzige Sandbiene *(Andrena fulva)*.

DAS LEBEN IM KRAUT

WENN ICH DRAUSSEN UNTERWEGS BIN, richtet sich meine Aufmerksamkeit nicht nur auf Totholz. Mein gesenkter Blick streift Gräser, Brennnesseln, Ampfer und Disteln, wandert über Doldenblütler und sucht die Blattunterseiten nach kleinen Krabbeltieren ab. Die kniehohe Krautschicht ist einer meiner liebsten Lebensräume, verbindet Boden und Gehölze, spielt eine zentrale Rolle im Ökosystem und bietet zahlreichen Kleinlebewesen Nahrung, Schutz und Brutplätze. Spinnen bauen ihre Netze zwischen den Blüten von Heidepflanzen, Heuschrecken und Käfer tippeln über die Blattoberflächen, Wanzen saugen Pflanzensaft oder erbeuten andere Tiere als Räuber. Schnecken knabbern an jungen Trieben oder freuen sich über ein saftiges Pilzfrühstück. Diese Interaktionen werden durch verschiedene Faktoren beeinflusst: von Standortbedingungen, Konkurrenz, Fraßdruck und saisonalen Abläufen. Diese wuselige Lebensgemeinschaft bildet ein dynamisches Beziehungsgeflecht, in dem mir vier Gruppen ganz besonders auffallen: Käfer, Wanzen, Schnecken und Spinnen – und um die geht es jetzt hier.

JÄGERINNEN AUF ACHT BEINEN

Spinnen sind in der Krautschicht besonders zahlreich vertreten, da ihnen dieser Lebensraum vielfältige Jagdmöglichkeiten und geeignete Verstecke bietet. Zwischen Gräsern, Blättern und Blüten lauern sie auf ganz unterschiedliche Beute: Spinnen, die Netze bauen, jagen vor allem fliegende Insekten, andere tippeln am Boden oder auf Blättern umher und jagen dort kleine Tiere wie Blattläuse, Käfer oder Wanzen. Besonders bekannt sind die Kreuzspinnen (Gattung *Araneus*), deren charakteristische Radnetze oft zwischen krautigen Pflanzen zu finden sind – und im September auch in Massen in meinem Dachgarten, weshalb es in dieser Zeit häufig passiert, dass ich volle Breitseite in ein Netz laufe, deren Bewohnerin dann komplett panisch über mein Gesicht rennt, während ich versuche, sie einzufangen, ohne sie versehentlich zu zerdrücken. Ja, ich weiß, für manche ist das der Stoff, aus dem Albträume bestehen. Diese Spinnennetze sind stabile und sehr smart konstruierte Fallen, die vor allem Fluginsekten wie Mücken, Fliegen oder kleinere Schmetterlinge abfangen. Neben der weitverbreiteten Gartenkreuzspinne *(Araneus diadematus)* finden sich hier auch Arten wie die Brückenkreuzspinne *(Larinioides sclopetarius)*, die ähnliche Jagdstrategien verfolgen, aber häufig an Gewässerrändern oder feuchteren Stellen siedeln.

→ Diese kleine Spinne hatte ich erst gar nicht gesehen, sondern nur ihr hübsch glitzerndes Netz.

Im Gegensatz dazu verzichtet die Listspinne *(Pisaura mirabilis)* auf Netze und jagt aktiv zwischen den krautigen Pflanzen. Sie nutzt ihre Schnelligkeit und packt beherzt zu, wenn sie ein kleineres Tier entdeckt hat – das wird so schnell überwältigt, dass es gar nicht weiß, wie ihm geschieht. Bekannt ist die Listspinne vor allem für ihr Balzverhalten: Vor der Paarung präsentiert das Männchen dem Weibchen ein sogenanntes „Brautgeschenk" – eine in Spinnseide verpackte, frisch gefangene Beute, quasi der Strauß Blumen des kleinen Spinnenmannes. Während das Weibchen dieses Geschenk auspackt und frisst, erfolgt die Paarung, was das Risiko verringert, dass das Weibchen dem Männchen gefährlich wird. Dieses Brautgeschenk dient nicht nur als Ablenkungsmanöver, sondern versorgt das Weibchen auch mit zusätzlichen Nährstoffen, was die Überlebenschancen des Nachwuchses in spe erhöhen wird. Nach der Paarung betreibt die Listspinne außerdem Brutpflege: Das Weibchen trägt seinen Eikokon zuerst zwischen den Kieferklauen und befestigt ihn später in einem geschützten Gespinst, das sie bewacht, bis die Jungspinnen schlüpfen.

→ Um die Weibchen von sich zu überzeugen, bringen die Männchen der Listspinne *(Pisaura mirabilis)* ihrer Auserwählten Brautgeschenke aus gefangener Beute dar.

Übrigens, mir ist natürlich bewusst, dass Spinnen jetzt nicht gerade die beliebtesten Tiere sind, und viele Leute setzen alles daran, sie aus der Wohnung zu kriegen. Eine Anmerkung hier: Überleg mal kurz, wovon sie sich eigentlich ernähren. Ja, ich geb dir einen Moment. Denkst du gerade, was ich denke? Genau: Wenn sie genug Beute finden, um sich bei dir wohlzufühlen, heißt das auch, dass deine Bude ohne sie ganz anders aussähe. Spinnen fressen schließlich kein Müsli, sondern ernähren sich von den Tieren, die dir nachts den Schlaf rauben.

Auf dem Glauberg in Hessen findet man alte Bäume und eine dichte Krautschicht, in der sich auch seltene Arten wohl fühlen.

Eine einzige Kreuzspinne vertilgt rund zwei Kilogramm Insekten wie Stechmücken, Fliegen und Co. pro Jahr. Stell dir vor, diese zwei Kilo würden ungestört durch deine Wohnung krabbeln und fliegen. Klingt nicht besonders verlockend, oder? Da ist das kostenfreie Serviceangebot meiner Großen Zitterspinnen *(Pholcus phalangioides)* in den Zimmerecken doch gar nicht so schlecht, finde ich.

KÄFER IM LIEBESRAUSCH

Im Mai, wenn ich mit meinem Mann am Fluss entlangspaziere, fällt uns zwischen den frisch ausgetriebenen Wildkräutern häufig eine Vielzahl von Käfern auf, die gerade heftig am Flirten sind. Besonders oft treffe ich zu dieser Zeit den Sauerampferkäfer *(Gastrophysa viridula)*, dessen metallisch grün schillernde Körper auf den Blättern des Ampfers leicht zu erkennen ist – und vor allem die Weibchen fallen durch ihren stark angeschwollenen Hinterleib auf. Diese Käferart ist auf Sauerampferpflanzen spezialisiert, sowohl die Larven als auch die erwachsenen Käfer ernähren sich ausschließlich von ihnen.

Ähnlich spezialisiert lebt der Nessel-Blattrüssler *(Phyllobius pomaceus)*, bei dem Männlein und Weiblein auch ein wenig unterschiedlich aussehen: Käfertypisch ist das Weibchen größer, allerdings auch etwas blassgrauer als ihr Partner. Die Larven entwickeln sich im Boden an Brennnesselwurzeln, während die erwachsenen Käfer vor allem an Blättern und Stängeln fressen.

→ Männchen und Weibchen des Nessel-Blattrüsslers *(Phyllobius pomaceus)* lassen sich gut durch die Färbung unterscheiden.

↓ Das Weibchen der Sauerampferkäfer *(Pisaura mirabilis)* erkennt man am geschwollenen Hinterleib.

Neben diesen Spezialisten gibt es in der Krautschicht zahlreiche weitere Käferarten. Dazu gehören beispielsweise verschiedene Weichkäferarten (Cantharidae), die sich von kleineren Insekten, Larven und gelegentlich Pollen ernähren. Auch Marienkäfer paaren sich im April und Mai meist an erhöhten Stellen zwischen Halmen und Blättern. Wusstest du, dass sie quasi eine Geschlechtskrankheit haben können? Der sogenannte Marienkäferpilz *(Hesperomyces virescens)* wird während der Paarung von einem Käfer zum nächsten übertragen. Befallene Tiere erkennt man an kleinen gelblichen oder grünlichen Fortsätzen auf dem Panzer. Der Pilz ist zwar nicht unmittelbar tödlich, kann die Käfer aber schwächen und ihre Fortpflanzungsfähigkeit verringern – mit potenziellen Folgen für die Population.

← Diese beiden Lederwanzen *(Coreus marginatus)* haben sich einen recht prominenten Platz für ihr Schäferstündchen ausgesucht.

DIE BUNTE WELT DER WANZEN

Wanzen werden oft mit Käfern verwechselt – dabei gibt es deutliche Unterschiede. Während Käfer harte, meist vollständig geschlossene Deckflügel besitzen, haben Wanzen vorne oft verstärkte, lederartige Flügel, die im hinteren Bereich eher häutig sind. Es gibt durchaus Arten, die Käfern ziemlich ähneln, allerdings ist ein Hinweis darauf, dass man es mit einer Wanze zu tun hat, dass diese sehr breite Schultern oder sehr auffällige Muster haben, manchmal mit so dicken Konturen wie bei Bleiglasfenstern. Einige sehen einfach aus, als hätten sie mal ordentlich im Fitnessstudio gepumpt, andere haben Strukturen an den Beinen, die an Schlaghosen erinnern. Außerdem besitzen Wanzen stechend-saugende Mundwerkzeuge, die ihnen eine große Bandbreite an Ernährungsweisen ermöglichen – von Pflanzensaft über Beutejagd bis hin zur Aufnahme von Aas oder Pilzen.

Wanzen sind eine extrem diverse Gruppe mit über 40.000 bekannten Arten weltweit, wobei wir hier in Deutschland rund 1000 Arten kennen. Einige sind Pflanzenspezialisten, andere geschickte Räuber. Die Streifenwanze *(Graphosoma italicum)*, die gern mal im Gebüsch hinter unserem Haus sitzt, gehört zu den Pflanzenwanzen und ist leicht an ihrem auffälligen roten Körper mit schwarzen Längsstreifen zu erkennen. Sie ernährt sich vor allem von Doldenblütlern wie Wilder Möhre oder Pastinake. Ihre grelle Färbung warnt Fressfeinde: „Ich schmecke echt nicht gut, lass mal!“ Auch Lederwanzen (Coreidae) finde ich viel in meiner Nachbarschaft, beispielsweise die Randwanze *(Coreus marginatus)*.

Mit der Globalisierung gelangen zunehmend auch fremde Wanzenarten nach Europa. Ein prominentes Beispiel ist die Amerikanische Kiefernwanze *(Leptoglossus occidentalis)*, die aus Nordamerika stammt und sich seit den 1990er-Jahren in Europa ausbreitet. Diese große, braun gemusterte Wanze fällt durch die eben schon erwähnten „Schlaghosen“ auf, also durch die verbreiterten Hinterbeine. Sie ernährt sich von Nadelbäumen, insbesondere Kiefern, indem sie deren Samen ansticht. Für den Menschen ist sie harmlos, kann aber in Gebäuden überwintern und dort auch ein wenig nervig werden. Ebenfalls neu eingewandert ist die Marmorierte Baum-

↖ Die Grüne Stinkwanze *(Palomena prasina)* sieht wunderschön aus, macht ihrem Namen aber alle Ehre, wenn sie sich erschrickt.

↗ Wenn man weiß, wie klein so eine Walderdbeere ist, kann man sich ungefähr vorstellen, wie unfassbar winzig diese Wanze daneben sein muss.

wanze *(Halyomorpha halys)*, die ursprünglich aus Asien stammt und sich in Europa stark verbreitet. Sie macht hier tatsächlich recht viele Probleme, da sie nicht nur Zierpflanzen, sondern beispielsweise auch Obst befällt und massive Ernteausfälle verursachen kann.

HEUSCHRECKEN UND GRASHÜPFER – LEBEN IM GRAS

Zwischen Halmen und Kräutern leben zahlreiche Heuschreckenarten, die perfekt an diese Umgebung angepasst sind. Das Grüne Heupferd *(Tettigonia viridissima)* gehört zu den größten heimischen Arten, und bestimmt hast du so eins schon einmal gesehen. Diese Schrecke ist eine geschickte Jägerin, die neben Pflanzen auch kleinere Insekten frisst. Der Wiesengrashüpfer *(Chorthippus dorsatus)* hingegen gehört zu den Feldheuschrecken und ernährt sich ausschließlich von Gräsern. Zwergschrecken der Gattung *Tetrix* sind besonders unauffällig – ihre Tarnfarbe macht sie auf kahlen Böden fast unsichtbar. Das wurde uns mal in einem Uni-Kurs zum Verhängnis: Wir wollten Populationsanalysen mit ihnen durchführen, doch wir haben sie einfach nicht gefunden.

SPEZIALISTEN: EVOLUTION ZWISCHEN RISIKO UND NUTZEN

Viele Insekten haben sich im Laufe der Evolution auf bestimmte Pflanzen spezialisiert, was ihnen einen klaren Vorteil verschafft: Sie können ihre Wirtspflanzen oft besser nutzen als Generalisten – manche können sogar Abwehrstoffe verdauen, die für andere ungenießbar oder giftig wären.
Das ist super, denn so können sie die Konkurrenz ausstechen!

Gleichzeitig sorgt diese enge Anpassung dafür, dass sich verschiedene Arten auf unterschiedliche Pflanzen verteilen und so nebeneinander existieren können. Doch Spezialisierung birgt auch ein Risiko: Verschwindet die Wirtspflanze, steht die Art vor dem Aus. Eine Gratwanderung, die die Vielfalt im Ökosystem prägt.

Während gute Tarnung sie vor Feinden schützt, nutzen viele Heuschrecken aber auch akustische Signale, um quasi das Gegenteil zu erreichen und sich untereinander zu verständigen. Ihr charakteristisches Zirpen entsteht durch Stridulation, eine Lauterzeugungstechnik, bei der Körperteile aneinandergerieben werden. Bei Feldheuschrecken (Acrididae) geschieht dies, indem die Hinterbeine mit Reihen winziger Zähnchen über die Flügel gestrichen werden. Laubheuschrecken (Tettigoniidae) hingegen erzeugen Töne, indem sie ihre Vorderflügel gegeneinander reiben.

Diese Laute haben vor allem zwei Funktionen: Flirten und Abschrecken. Männchen locken Weibchen mit arttypischen Gesängen an, die oft über große Distanzen hörbar sind. Manche Arten nutzen dazu lieber Ultraschall, den nur Artgenossen wahrnehmen können. Weibchen antworten teilweise mit eigenen Lauten oder zeigen ein bestimmtes Verhalten, das signalisiert: *Ja okay, du kannst auf 'nen Kaffee mit hochkommen.*

SCHLEIMSPUREN IM BLÄTTERMEER

Schnecken sind bei vielen Gärtner:innen sehr unbeliebt, doch sind sie unverzichtbare Akteure in unseren Ökosystemen. Sie zersetzen abgestorbenes Pflanzenmaterial und tragen so zur Bodenbildung und Nährstoffrückführung bei, zudem dienen sie anderen Tieren als Nahrung. Und ganz ehrlich: Ich find die verdammt süß. Besonders häufig treffe ich bei uns die Hain-Bänderschnecke *(Cepaea nemoralis)* und die Garten-Bänderschnecke *(Cepaea hortensis)* an. Beide zeichnen sich durch ihr charakteristisches, farblich extrem variables Gehäuse mit mehr oder weniger dunklen Bändern aus. Ihr kalkhaltiges Haus schützt sie vor Austrocknung und Fressfeinden.

Schnecken sind bei vielen Gärtner:innen sehr unbeliebt, doch sind sie unverzichtbare Akteure in unseren Ökosystemen.

DOCH NICHT ALLE SCHNECKEN besitzen Immobilieneigentum – Nacktschnecken wie die Spanische Wegschnecke *(Arion vulgaris)* verzichten darauf. Funfact: Die „Spanische" Wegschnecke stammt gar nicht aus Spanien, sondern vermutlich aus Frankreich oder Südwesteuropa. Und sie ist aus der Perspektive einer Schnecke ein echter Champion. Sie kann nicht nur große Mengen an Pflanzenmaterial fressen, sondern ist auch durch eine hohe Schleimproduktion gegen Fressfeinde geschützt – viele Tiere meiden sie wegen ihres bitteren Schleims, deswegen hat sie gar nicht mal so viele Gegenspieler. Außerdem hat sie eine sehr hohe Vermehrungsrate, und mein Augenlid zuckt nur ein ganz kleines bisschen, wenn ich daran denke, wie sie mir im absoluten Schneckenhammerjahr 2024 sogar über einen Meter hohe Tomatenpflanzen samt Tomaten in nur einer Nacht bis auf einen fünf Zentimeter großen Stummel abgefressen haben. Nachdem sie mit all den andern Beeten fertig waren, inklusive meines Knoblauchs. Knoblauch! Auch wenn die Herkunft dieser Art noch nicht ganz geklärt ist, können wir Transsylvanien schon einmal ausschließen, denke ich. Schneckenkorn, Bierfallen und Scherenattacken gibt es in meinem Garten dennoch nicht. Stattdessen habe ich jetzt sehr, sehr, sehr (!) hohe Metallhochbeete, die in der Sonne für Schnecken unangenehm heiß werden, vier absolut schneckenfreundliche Komposthaufen und seitdem endlich wieder eine Ernte.

DAS LEBEN IM BAUM

Die Ausdehnung der Baumkrone entspricht einer Faustregel nach oft in etwa der der Hauptwurzeln im Boden.

DAS LEBEN IM BAUM

UND JETZT HEBEN WIR DEN BLICK WIEDER. Wenn wir durch den Wald gehen und in die Baumkronen schauen, denken wir oft an Vögel oder Eichhörnchen, vielleicht noch an Fledermäuse, die nachts lautlos Motten und Fliegen jagen. Tatsächlich aber finden wir dort vor allem Kleinstlebewesen: Insekten, Spinnen, Milben, Schnecken, Moose, Flechten und alles mögliche andere. All diese Organismen bilden zusammen ein komplexes Netzwerk, das für das gesamte Ökosystem eine zentrale Rolle spielt. Wer genau hinsieht und vielleicht gelegentlich ein Fernglas oder eine Lupe zur Hand nimmt, kann im Baum ein faszinierendes Miteinander entdecken.

Von den Wurzeln im Boden bis hinauf in die Baumkrone bietet der Baum eine Reihe unterschiedlicher Mikrohabitate: Die Oberflächenstruktur der Rinde, Zwischenräume unter losen Rindenplatten, Astgabeln, in denen sich Laub ansammelt, pilzbefallene oder faule Stellen im Holz und Risse, die sich mit der Zeit auftun. Auch die Blätter selbst sind eine dynamische Welt: Hier begegnen wir Parasiten und Räubern, winzigen Pilzkolonien und Insekten, die sich im Blattgewebe entwickeln. Selbst in den Ausscheidungen der Pflanzen (zum Beispiel Baumsäfte oder Harztropfen) haben spezialisierte Tiergruppen ihre Nischen gefunden. Im Grunde ist ein Baum ein mehrstöckiges Haus mit unzähligen Zimmern, Gängen und Geheimverstecken. Eines ist dabei besonders wichtig und nicht zu vergessen: Bäume sind selbst auch Lebewesen, die sich ständig verändern. Ein Sommersturm kann Äste abbrechen, Pilze befallen die Wurzeln und schwächen den Stamm, im Frühjahr treiben die Blätter aus und fallen im Herbst wieder zu Boden. Jede dieser Veränderungen schafft neue Lebensräume und Verstecke für eine Vielzahl von Tieren, vom winzigen Käfer bis zum lang gestreckten Schnegel.

LEBENSRAUM BLATT

Ein klassisches Beispiel für das Leben in den Blättern sind Gallen: kleine, knubbelige Wucherungen, die beispielsweise gelb, grün, rotbraun oder rosa sein können und deren Form von erbsengroßen Kugeln bis zu haarigen Gebilden reicht. Hinter jeder dieser Gallen steht ein Organismus, meist ein Insekt wie die Gallwespe (Cynipidae) oder eine Gallmücke (Cecidomyiidae), manchmal auch Milben oder Pilze. Ein bekanntes Beispiel: Auf Eichenblättern finden sich häufig kleine runde Galläpfel einer bestimmten Gallwespenart (oft *Cynips quercusfolii*). Die Wespe legt ein Ei in das junge Blattgewebe, und das dort injizierte Speichelpaket enthält hormonähnliche Substanzen, die das Blattgewebe zur Bildung einer schützenden Wucherung anregen. Im Inneren dieser Galle kann die Larve dann heranwachsen. Geschützt vor Wettereinflüssen und Fressfeinden, wohnt sie in einer eigens für sie erbauten

Wohnung, die gleichzeitig Nahrung liefert, denn die geschlüpfte Wespenlarve ernährt sich vom pflanzlichen Gewebe der Galleninnenwand.

Gallbildungen sind ein fein abgestimmtes Zusammenspiel: Die Pflanze wird nicht unbedingt tödlich geschädigt, aber sie investiert Nährstoffe in ein Gebilde, das ihr selbst wenig nutzt. Die galleninduzierenden Insekten hingegen profitieren enorm, da sie ihren Nachwuchs in einer sicheren Kapsel unterbringen. Oft haben Gallwespen nicht nur eine Generation pro Jahr, sondern komplexere Zyklen, in denen unterschiedliche Wespengenerationen verschiedene Gallenformen auslösen. Das zeigt, wie ausgeklügelt die Evolution hier gearbeitet hat.

In der Natur überwiegen parasitische Beziehungen gegenüber solchen mit beidseitigem Nutzen.

NOCH INTERESSANTER WIRD ES, wenn man sich die Kaskade von Parasiten anschaut, die sich an einer einzigen Galle beteiligen können. Die Gemeine Rosengallwespe *(Diplolepis rosae)* verursacht Gallen an Wildrosen. So weit, so gut. Aber falls du denkst: Okay, da sitzt jetzt eine Larve drin, die die Rose parasitiert – ähm, nein. Denn die Schwarze Rosengallwespe *(Periclistus brandtii)* nutzt gern die fertigen Gallen der Gemeinen Rosengallwespe, um dort ebenfalls ein Ei reinzulegen. Ihre Larven parasitieren also die der Gemeinen Rosengallwespe. Doch das war es noch lange nicht. Denn *Periclistus brandtii,* die *Diplolepis rosae* parasitiert, wird ebenfalls parasitiert – von der Erzwespe Eurytoma rosae. Deren Larve frisst die bereits vorhandene Larve auf. Zack. Aber, du ahnst es, auch diese Wespe bleibt nicht verschont: Sie wird wiederum von der Torymidenwespe *Glyphomerus stigma* befallen. Und dann wird es noch enger in der Galle, denn, unglaublich, aber wahr: Das war es immer noch nicht! Es kann sein, dass die Ursprungswespe auch noch von einem weiteren Parasiten heimgesucht wird, der Schlupfwespe *Orthopelma mediator,* die wiederum von einer anderen Wespe, die wiederum … Das kann munter so weitergehen, bis Forschende dem Treiben ein Ende setzen, weil sie eine Galle entdecken und untersuchen und darin einfach mal sieben oder acht oder noch mehr verschiedene Larven finden, die sich gegenseitig in Zeitlupe massakrieren. Ganz unendlich läuft das Spiel allerdings nicht: Irgendwann sind die Ressourcen in der Galle erschöpft, oder eine besonders dominante Art setzt sich durch und verhindert weitere Besiedlungen.

Parasitismus ist in der Natur weitverbreitet, oft sogar häufiger als mutualistische Beziehungen. Schätzungen zufolge lebt mindestens die Hälfte aller bekannten Arten zumindest zeitweise parasitisch. Doch Parasit ist nicht gleich Parasit: Während klassische Parasiten ihre Wirte oft lange nutzen, ohne sie direkt zu töten, gibt es eine besondere Gruppe – die gerade erwähnten Parasitoide. Diese haben einen anderen Ansatz: Ihre Entwicklung endet fast immer mit dem Tod des Wirts. Ein Beispiel sind Schlupfwespen, die ihre Eier in Raupen oder Käferlarven ablegen, sodass sich ihre Brut direkt im lebenden Wirt entwickelt.

Diese Eichen machen einen extrem kleinen und niedrigen Eindruck – dabei sehen wir hier nur die Baumkrone, der Stamm wurde von Sand zugeweht. Sie stecken also in einer Düne, und wir befinden uns eigentlich auf Baumkronenhöhe.

Parasiten sind in nahezu jedem Ökosystem vertreten. Sie beeinflussen Populationsgrößen, steuern Energie- und Nährstoffflüsse und schaffen Nahrungsnischen für andere Organismen. Ein Parasit ziert auch das Cover dieses Buchs: eine kleine Goldwespe (Chrysididae), die es sich auf dem Mädesüß in meinem Garten gemütlich gemacht hat.

Wenn Parasiten ihre Wirte schwächen oder töten, profitieren Aasfresser und Destruenten, das sind die Zersetzer. Indem sie die Dichte bestimmter Tierpopulationen begrenzen, verhindern sie Massenvermehrungen, die Ökosysteme aus dem Gleichgewicht bringen könnten. In dieser Funktion sind sie mit Räubern vergleichbar – und genau wie Räuber-Beute-Dynamiken gehört Parasitismus zu den großen evolutionären Selektionsfaktoren. Er zwingt Wirte zur Anpassung, treibt die Entwicklung neuer Abwehrmechanismen an und sorgt im Gegenzug für immer raffiniertere Strategien aufseiten der Parasiten. Dieses evolutionäre Wettrüsten hat über Jahrmillionen zu einer unglaublichen Vielfalt an Lebensformen geführt. Und nein, ich werde hier von keinem kleinen Trupp von Schlupfwespen gezwungen, das zu schreiben – ich finde Parasitismus tatsächlich toll und spannend.

→ Dieser Asiatische Marienkäfer *(Harmonia axyridis)* ist von einem parasitischen Marienkäferpilz (vermutlich *Hesperomyces harmoniae*) befallen.

Viele Parasiten sind extrem spezialisiert – sowohl auf ihre Wirte als auch auf deren Lebensräume. Schlupfwespen, die bestimmte Käferlarven befallen, müssen exakt den Ort finden, an dem sich diese entwickeln. Dazu nutzen sie oft feinste chemische oder vibratorische Signale. Ist ja nicht so, dass Larven kleine Schilder aus ihren Löchern halten, auf denen steht: *Hier bin ich, friss mich.* Wird also die Larve gefunden und das Ei durch den Parasiten erfolgreich abgelegt, wächst dessen Larve im Inneren ihres Wirts heran. In vielen Fällen entwickelt sich daraufhin eine Kaskade weiterer Parasiten: Hyperparasiten befallen Parasiten, die ihrerseits wieder befallen werden. Wir haben es ja eben schon gesehen: In einer einzigen Galle einer Gallwespe können sich so mehrere Schichten von Parasiten und Hyperparasiten einfinden, die sich gegenseitig beeinflussen.

→ Die Gemeine Goldwespe *(Chrysis ignita)* legt ihre Eier in die Nester von Wespen oder Bienen, wo ihre Larven Wirtslarven und Nahrungsvorräte verspeisen.

Wichtig ist, dass Parasiten und Parasitoide ihre Wirte in der Regel nicht vollständig ausrotten – sie würden sonst ihre eigene Lebensgrundlage zerstören. Viele haben sich daher so angepasst, dass sie ihre Wirte nur langsam schwächen oder sie erst nach der eigenen Fortpflanzung töten. Das bedeutet nicht, dass es keine problematischen Entwicklungen gibt, aber die meisten Parasiten operieren in einem Gleichgewicht, das ihr langfristiges Überleben sichert.

DIE GALLEN SIND NICHT DIE EINZIGEN strukturellen Veränderungen, die man an den Blättern erkennen kann. Hinter meinem Wohnhaus säumen mehrere Kastanienbäume den kleinen Bach. Jedes Jahr, wenn die Blätter voll ausgewachsen sind, erscheinen auf ihnen seltsame Muster: Feine Gänge, die sich kunstvoll durch das Blatt ziehen, mal als schlängelnde Linien, mal als größere Flecken, die schließlich braun werden und das Blatt vertrocknen lassen. Fast sieht es aus wie eine winzige Gravur – und den Künstler kann man sogar erkennen, wenn man genau

Seit vielen Jahren besuche ich diesen Baum im dänischen Wald am Blåbjerg – früher saß da nur ein kleiner Farn drauf, jetzt sind es schon mehrere.

hinschaut. Die Rosskastanien-Miniermotte *(Cameraria ohridella)* hat sich seit den 1980er-Jahren in Europa ausgebreitet. Ihre Larven fressen sich durch die Blatthaut und verstecken sich dann zwischen den Blattschichten, sodass von außen nur ihre Fraßspuren sichtbar sind. Wenn man ein betroffenes Blatt gegen das Licht hält, kann man mit etwas Glück die Larve beim Futtern sehen, oder wie sie sich hin und her windet, um eine gemütliche Position zu finden.

Miniermotten (Gracillariidae) gibt es in vielen Varianten, und sie alle haben eine gemeinsame Strategie: Die Larven entwickeln sich im Inneren der Blätter. Manche Arten bohren feine, verzweigte Tunnel, andere erzeugen breite, unförmige Flecken. Die Larve frisst sich so lange durch das Blatt, bis sie sich verpuppen kann. Dann verlässt sie das tote Gewebe, schlüpft als erwachsene Motte und beginnt den Zyklus von Neuem. Aber auch sie hat ihr Kreuz zu tragen, klar. Es gibt zahlreiche natürliche Feinde, die die Miniermotten im Zaum halten. Parasitische Wespen legen ihre Eier direkt in die Larven, sodass sich eine neue Generation auf Kosten der Miniermotte entwickelt. Einige Vögel, darunter Meisen, haben gelernt, die Larven superpräzise aus den kleinen Tunneln und Öffnungen zu picken. Auch räuberische Insekten wie Laufkäfer nutzen sie als Nahrung.

Dennoch kann der Befall problematisch werden. Besonders in Städten, wo natürliche Feinde fehlen, sieht man im Hochsommer ganze Kastanienbäume mit braunen, vertrockneten Blättern – als wäre der Herbst viel zu früh gekommen. Auch in unserem Viertel passiert das jedes Jahr. Die Bäume sterben dadurch nicht, aber sie sind geschwächt, und mit jedem Sommer, in dem die Blätter zu früh welken, wird es für sie schwieriger, da sie ja auch mit Abgasbelastung und immer häufiger auftretenden Dürren kämpfen.

WENN WIR GERADE BEI KLEINEN TIEREN SIND, die am Blatt leben, darf natürlich ein Klassiker nicht fehlen: die Blattlaus (Aphidoidea). Diese Winzlinge, von vielen Gärtnerinnen und Gärtnern eher gefürchtet als geliebt, aber von mir persönlich als absolut niedlich eingestuft, sitzen oft zu Dutzenden dicht an dicht auf Blättern oder Zweigen und saugen dort Pflanzensaft. Das kann heftige Auswirkungen auf das Wachstum einer Pflanze haben und sie deutlich schwächen. Zugleich sind Blattläuse aber auch ein wichtiger Teil des Nahrungsnetzes. Marienkäfer, Florfliegenlarven und Schwebfliegenlarven können große Kolonien in Windeseile abräumen – für sie sind die kleinen Sauger eine unwiderstehliche Delikatesse.

Blattläuse gehören zu den ältesten Bewohnern unseres Planeten.

Blattläuse gehören zu den ältesten Bewohnern unseres Planeten überhaupt. Mit über 200 Millionen Jahren auf dem Buckel haben sie eindrucksvoll bewiesen, dass sich das Konzept „Blattlaus" lohnt. Und bei weltweit mehr als 5000 bekannten Arten (zu finden auf jedem Kontinent außer der Antarktis) wundert es kaum, dass sie auch bei uns in ordentlicher

 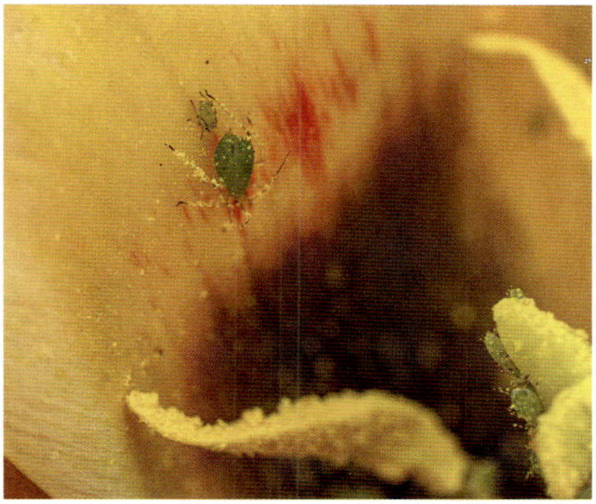

↖ Blattläuse dienen vor allem Jungvögeln als Nahrung. Mit ihnen trainieren sie ihre Jagdfähigkeiten.

↗ Hier sieht man eine ausgewachsene Blattlaus, hinter ihr sitzt eine Nymphe, also ein Jungtier.

Formenvielfalt auftauchen. Man erkennt viele Arten direkt an ihrer bevorzugten Wirtspflanze, wie die Rosenblattlaus *(Aphis rosæ)* oder die Grüne Pfirsichblattlaus *(Myzus persicae)*, und vermutlich ahnst du, wo man die Gefleckte Kartoffelblattlaus *(Macrosiphum euphorbiae)* findet, oder? Genau, am Apfel. Okay, nein, kleiner Scherz, natürlich an der Kartoffel.

Das Problem daran, dass Blattläuse so klein und niedlich sind, ist, dass man sie unfassbar leicht verschleppen kann. Die berühmt-berüchtigte Reblaus zum Beispiel schaffte es im 19. Jahrhundert aus Amerika nach Europa und machte dort beinahe allen Weinbergen den Garaus. Auch heute noch ist sie bei Winzerinnen und Winzern nicht gerade beliebt.

Berühmt sind Blattläuse auch für ihre symbiotische Beziehung mit Ameisen, denen sie Honigtau liefern – quasi süßes Lauspipi. Ameisen „melken" ihre Blattläuse regelrecht: Sie trommeln mit den Fühlern auf den Hinterleib der Laus (das bezeichnet man als Betrillern), woraufhin die Laus auf Toilette muss. Lecker! Für die Ameisen ist das ein Festmahl voller Zucker und Aminosäuren, das sie entweder sofort vertilgen oder in ihrem Kropf ins Nest tragen. Um sich einen ständigen Nachschub an Honigtau zu sichern, verteidigen Ameisen ihre Schützlinge engagiert gegen Fressfeinde wie Marienkäferlarven und sorgen sogar für „Umzüge" der Blattlauskolonien, wenn die Futterstelle erschöpft ist. Wirkt auf den ersten Blick total harmonisch zwischen denen, oder? Laus und Ameise = ziemlich beste Freunde? In Wirklichkeit geht es manchmal recht rabiat zu: Damit ihnen die Blattläuse nicht davonlaufen, beißen die Ameisen ihnen die Flügel ab oder setzen Substanzen frei, welche die Entwicklung der Flügel unterdrücken. Werden einzelne Läuse dann doch zu unternehmungslustig, macht man in Ameisenkreisen kurzen Prozess: Die „Ausreißer" werden schlicht gefressen.

Wenn wir nun vom Leben in den Blättern zum Inneren eines lebenden Baumes übergehen, gelangen wir in Regionen, die man beim Spaziergang oft gar nicht so sehr wahrnimmt: alte Astlöcher, modrige Bereiche im Stamm, Hohlräume unter loser Rinde, harzige Wunden und schließlich sogar in den Wurzelraum.

In meinem Viertel gibt es eine alte Kastanie, die ein großes Astloch hat. Mein Mann und ich nennen sie den „Schnegelbaum", weil in diesem Astloch immer eine Gruppe Tigerschnegel *(Limax maximus)* überwintert. Das sind Nacktschnecken von stattlicher Länge, häufig graubraun oder dunkel gefleckt. Sie meiden das grelle Tageslicht und verstecken sich tagsüber in dunklen, geschützten Ecken. Das Innere eines Baumlochs ist vor Witterungseinflüssen geschützt und dennoch so feucht, dass die Schnecken nicht austrocknen und das weiche Holzgewebe und das Pilzmyzel ausreichend Nahrung bieten. Oft sieht man silbrige Schleimspuren am Stamm. Auch andere Nacktschneckenarten wie die Gefleckte Schnirkelschnecke *(Arianta arbustorum)* oder die Genabelte Strandschnecke *(Theba pisana)* findet man gern in Baumhöhlen.

→ Früher hat man, wie man hier noch sieht, Baumhöhlen verschlossen. Heutzutage macht man das nicht mehr, sondern lässt sie, wie die Höhle darüber, einfach offen. Das ist besser für den Baum, aber auch für die Tiere.

Immer wieder heißt es, Tigerschnegel seien effiziente Jäger, die andere Nacktschnecken fressen und deren Gelege dezimieren. Ganz falsch ist das nicht – aber eben auch nicht ganz richtig, zumindest was das Ausmaß angeht. Gelegentlich fressen sie auch andere Schnecken oder deren Eier, aber das scheint eher eine Frage des Hungers oder des Territorialverhaltens zu sein als eine gezielte Jagd. Viel lieber verputzen sie Pilze, Algen und verrottende Pflanzenteile – deshalb sind sie die Helden meiner Komposthaufen. Besonders angetan hat es ihnen feuchtes, leicht modriges Holz – genau das, was sich in alten Baumhöhlen oder eben in den unteren Stockwerken des Komposters findet. Manchmal sieht man Schnegel auch an Hauswänden, wo sie geduldig Algenbeläge abweiden.

Tigerschnegel sind Zwitter, die Paarung mutet akrobatisch an: Zwei Schnegel treffen sich, „umarmen" einander und seilen sich schließlich an einem gemeinsamen Schleimfaden in die Luft ab. Schwebend entrollen sie ihre Geschlechtsorgane und vollziehen eng umschlungen eine Paarung, ein bisschen geben sie zusammen das Bild einer herabhängenden Deckenleuchte ab, wie du hier am Bildrand siehst.

Aber nicht nur Schnecken leben in dieser alten Kastanie. Wenn man an einer solchen Höhle am morschen Holz kratzt, lockern sich oft kleine Fasern, unter denen Asseln und anderes Getier hervorkrabbeln. Zwischen den Rindenstücken huschen manchmal die Larven räuberischer Käfer umher, und auch meine Staphyliniden entdecke ich dort, wie sie auf der Jagd nach Springschwänzen und Milben sind.

Auch Weberknechte (Opiliones) findet man häufig an alten Bäumen, vor allem wenn diese mit Efeu bewachsen sind. Sie werden oft mit

HABITATBAUM

Ein Habitatbaum ist ein Baum mit besonderen Strukturen wie Höhlen, Rindenspalten oder abgestorbenen Ästen. Solche Merkmale entstehen durch Alter, Witterung oder Aktivität von Tieren und bieten Lebensraum für viele Arten.
Fledermäuse nutzen Spalten als Quartier, Spechte zimmern Höhlen für ihre Brut, und Käferlarven entwickeln sich im morschen Holz. Da solche Bäume selten sind, werden sie gezielt geschützt, sobald man einen entdeckt. Sie werden untersucht, kartiert und langfristig erhalten.
Auch in Städten gibt es Habitatbäume, die erfasst und gepflegt werden, um Artenvielfalt zu fördern. Forst- und Naturschutzbehörden arbeiten daran, diese Bäume nachhaltig zu sichern und auch mehr von ihnen zu finden und zu erfassen, denn sie sind oft die letzten Lebensräume für seltene Arten.

Spinnen verwechselt, gehören aber zu einer eigenen Ordnung innerhalb der Spinnentiere (Arachnida). Ihr Körperbau unterscheidet sich deutlich von dem ihrer achtbeinigen Verwandten: Während die Spinnen eine schmale Taille haben, die Vorder- und Hinterteil trennt, sind diese bei den Weberknechten zu einem einzigen kompakten Körperteil zusammengewachsen. Sie können auch keine Netze bauen, da ihnen die Spinndrüsen fehlen, und besitzen keine Giftdrüsen. Stattdessen verlassen sie sich auf Stinkdrüsen, die seitlich am Körper sitzen und ein übel riechendes Sekret absondern. Damit schrecken sie viele Fressfeinde ab.

← Wenn man genau hinschaut, findet man Weberknechte gern in Büschen oder auf der Baumrinde sitzen …

← … oder auch manchmal eine Jasmin unter einer Wurzel.

WEBERKNECHTE SIND LEICHT an ihren extrem dünnen Beinen zu erkennen, die im Verhältnis zum Körper unverhältnismäßig groß sind. Bei einigen Arten kann das zweite Beinpaar sogar das 25-Fache der Körperlänge erreichen und dient gleichzeitig als Hauptsinnesorgan. Von diesem Beinpaar rührt vermutlich auch der Name her, denn ihre tastenden Bewegungen mit diesen Beinen erinnern an einen Weber, der Fäden entwirrt. Mit ihren sensiblen Gliedmaßen erfassen die Tiere ihre Umwelt, spüren kleinste Luftbewegungen auf und finden so Nahrung oder erkennen Fressfeinde. Ihre Augen sind dagegen eher schwach entwickelt und können vermutlich nur hell/dunkel unterscheiden und Bewegungen wahrnehmen.

Anders als Spinnen sind Weberknechte nicht alle passionierte Jäger, die immer aktiv Beute machen. Sie ernähren sich opportunistisch von toten Insekten, weichen Pflanzenteilen oder Pilzen. Manche Arten schnappen sich kleine Gliederfüßer und zerkleinern sie mit ihren Kieferklauen. Besonders bemerkenswert ist der Schneckenkanker *(Ischyropsalis hellwigi)*, eine Art, die sich auf das Öffnen von Schneckenhäusern spezialisiert hat und die immer noch auf meiner Bucketlist steht – in der Natur habe ich noch nie einen getroffen.

Ein faszinierendes Verhalten der Weberknechte ist der gezielte Beinabwurf, für den sie ja auch irgendwie berühmt sind. Bei Gefahr können sie ein oder mehrere Gliedmaßen an einer Sollbruchstelle abwerfen. Dabei zieht sich ein spezieller Muskel zusammen und verschließt die Wunde, sodass kaum Flüssigkeit austritt und die Tiere auf der Flucht nicht verbluten. Das abgetrennte Bein zuckt noch eine Weile, um Angreifer abzulenken, während der kleine Kollege längst das Weite gesucht hat. Anders als bei den Eidechsenschwänzen wachsen abgetrennte Beine beim Weberknecht jedoch nicht wieder nach. Das bedeutet, dass er mit jedem verlorenen Bein seiner insgesamt acht Beine an Beweglichkeit und Wahrnehmung verliert. Besonders problematisch wird es, wenn das zweite Beinpaar betroffen ist – denn dieses ist deutlich länger als die anderen und dient als Tastorgan. Weberknechte „sehen" mit diesen Beinen, indem sie ihre Umgebung abtasten und Vibrationen wahrnehmen. Fehlt es, fällt die Orientierung schwer, was die Nahrungssuche verkompliziert und die Überlebenschancen des betroffenen Tieres stark verringert. Junge Weberknechte, die früh im Leben ein Bein verlieren, bleiben deshalb auch oft kleiner und entwickeln sich langsamer.

← Dieser Baum steht in einem Wald in der Wingst und fällt sofort durch den leuchtend grünen Moosbewuchs schon von Weitem auf.

Auch bei der Fortpflanzung trennen sich die Wege von Weberknechten und Spinnen. Spinnenmännchen übertragen ihre Spermien normalerweise mithilfe ihrer Pedipalpen – das sind paarige Tastorgane, die bei Männchen in der Nähe der Mundwerkzeuge sitzen und im Laufe der Evolution zu Begattungsorganen umfunktioniert worden sind. Vor der Paarung laden die Tiere diese mit Sperma auf und „fädeln" sie dann in die paarig am Bauch sitzenden Geschlechtsorgane des Weibchens ein. Im Gegensatz zu den meisten anderen Spinnentieren besitzen die Weberknechtmännchen einen Penis. Die Paarung erfolgt daher ähnlich wie bei vielen anderen Tieren auf der Welt und wird oft von einer kurzen Balz begleitet, bei der das Männchen seine langen Beine vibrieren lässt oder Duftstoffe absondert. Ist das Weibchen befruchtet, legt es seine Eier in feuchte Bodenmulden oder an ähnlich geschützten Stellen ab. Manche Arten betreiben auch Brutpflege, indem sie das Gelege bewachen und die Eier feucht und sauber halten.

In meinem Alltag begegne ich häufig diesen beiden Arten: dem Hornweberknecht *(Phalangium opilio)*, der in Gärten, Wiesen und auch mitten in der Stadt lebt, und dem Braunrückenkanker *(Leiobunum rotundum)*, den ich oft an Hauswänden oder in Gebüschen entdecke. Beim Gärtnern in den Rankpflanzen an meiner Hütte oder zwischen den Hochbeeten huschen sie mir regelmäßig über die Hände, oder ich sehe sie auf einer Blüte sitzen. Und beim Gassigehen am Fluss, wo alte, efeubewachsene Bäume stehen, bleibe ich gern einen Moment stehen, während die Hunde schnüffeln. Ich hebe immer mal ein Blättchen an und beobachte, wer sich dort zwischen den Ranken versteckt.

→ In der Baumtasche dieses Baumes steht fast das ganze Jahr über Wasser. Darin entwickeln sich Schwebfliegenlarven, und man kann beobachten, wie kleine Tiere daraus trinken.

WEITERE MIKROHABITATE

Bäume sind voller Mikrohabitate. Wo sich beispielsweise Regenwasser in Stammvertiefungen sammelt, entstehen winzige Wasserwelten. Diese sogenannten Dendrotelme beherbergen eine ganz eigene Lebensgemeinschaft. In den Mulmablagerungen am Boden tummeln sich Bakterien und Einzeller, Mücken- und Schwebfliegenlarven schlängeln sich durchs Wasser, und Rädertierchen filtrieren fleißig ihre Nahrung. In den Tropen dienen diese Miniteiche Amphibien als Laichplatz, während bei uns vor allem Vögel wie Meisen und Amseln daraus trinken oder darin ein Bad nehmen.

Auch am unteren Bereich der Bäume, in den Stammfußhöhlen, findet man viele verschiedene Lebensräume. Hier herrscht ein feucht-kühles Mikroklima, das über Jahrzehnte hinweg stabil bleibt. Amphibien, Schlangen, Mäuse und Käferlarven wuseln im weichen Holz umher und vermischen es mit Erde. So entsteht ein fließender Übergang zwischen Holz und Boden.

Weiter oben, wo sich die Äste verzweigen, treten manchmal seltsame Strukturen auf. Durch Verletzungen, Pilz-, Viren- oder Bakterieninfektionen oder genetische Mutationen entstehen Maserknollen, Wucherungen und „Hexenbesen". Besonders auffällig sind knollenartige Verdickungen am Stamm oder an Ästen, die oft als „Baumkrebs" bezeichnet werden – ein irreführender Name, denn mit Krebs im

medizinischen Sinne haben sie nichts zu tun. Vielmehr handelt es sich um verstärktes Wachstum von Holzgewebe, oft als Reaktion auf Infektionen oder mechanische Schäden. Manche dieser Wucherungen bleiben klein, andere wachsen über Jahrzehnte zu riesigen Knoten aus, in denen sich Feuchtigkeit hält und Mikroorganismen ansiedeln. Hexenbesen hingegen sind dichte, buschige Verzweigungsbüschel, die durch pilzbedingte Wuchsstörungen oder Mutationen entstehen. Besonders bei Birken und Nadelbäumen sind sie häufig zu finden. Eichhörnchen polstern mit den feinen Zweigen gern ihre Kobel aus, während nachtaktive Vögel wie der Waldkauz in den dichten Zweigen einen windgeschützten Ruheplatz finden. Selbst Insekten profitieren: Spinnen weben ihre Netze zwischen den verworrenen Zweigen, und einige Käferarten legen dort ihre Eier ab.

Zwischen diesen Strukturen schlingen sich Pflanzen wie Efeu den Stamm hinauf, ihre Haftwurzeln verankern sich in der Borke. Wo das dichte Blätterdach das Holz bedeckt, entsteht ein feuchtes Mikroklima, das Moose und Flechten anlockt. Einige Flechtenarten sind speziell an die Rinde von Eichen oder Ahorn angepasst und wachsen hier in dichten Polstern. Für Vögel sind diese zugewucherten Zonen ideale Brutplätze, während Käfer und andere Insekten im Schutz der Blätter auf Beutejagd gehen.

Neben Efeu gibt es noch andere Pflanzen, die Bäume als Unterlage nutzen: Epiphyten, also Aufsitzerpflanzen, die sich ohne direkten Kontakt zum Boden auf Ästen oder Stämmen ausbreiten. Sie sind in tropischen Regenwäldern allgegenwärtig, kommen aber auch in gemäßigten Breiten vor. Besonders Farne können sich als Epiphyten in feuchten Wäldern ansiedeln – in einem dänischen Wald bei Blåbjerg habe ich schon oft Farne gesehen, die es sich auf den Ästen alter, bemooster Bäume bequem gemacht haben. Ihre Wurzeln ziehen Feuchtigkeit und Nährstoffe aus der Luft, den Moospolstern und dem sich zersetzenden Holz, während sich in den dichten Farnwedeln kleine Insekten und Spinnen verstecken.

Ein besonderer Lebensraum sind große Pilzfruchtkörper, die am Stamm oder an Ästen wachsen. Manche Pilze bilden große, schirmartige Gebilde, unter denen Asseln und Springschwänze Schutz suchen. Andere, wie die mehrjährigen Porlinge, wachsen über Jahre und werden von spezialisierten Insekten besiedelt, die ihre Larven direkt im Pilzgewebe ablegen. Es gibt eine ganze Reihe von Staphyliniden, die vor allem in Pilzen vorkommen.

Selbst in den Nestern von Vögeln und Eichhörnchen leben nicht nur Küken und Jungtiere, sondern auch unzählige Krabbeltiere. So bleibt ein verlassenes Nest beispielsweise selten wirklich lange leer. Wespen, Käfer oder kleine Nager ziehen ein und erfüllen die Behausung mit neuem Leben.

Du siehst also: Ein Baum ist nicht einfach nur eine dekorative, ziemlich große Pflanze, in der Vögel nisten. Ein Baum ist wie ein Planet, der aus den unterschiedlichsten Lebensräumen und Ökosystemen besteht und von einer Vielzahl an Kulturen besiedelt ist, die alle miteinander interagieren.

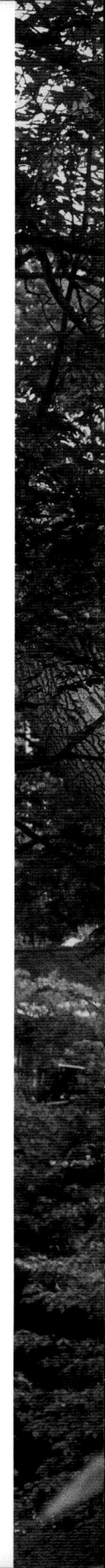

DAS LEBEN IM MOOSPOLSTER

Dieser kleine Filz-Saftling *(Hygrocybe calciphila)* hat es sich im Moos gemütlich gemacht.

DAS LEBEN IM MOOSPOLSTER

WENN WIR ÜBER TOTHOLZ SPRECHEN, über Bäume und Flechten, dann müssen wir auch über einen meiner liebsten Mikrolebensräume reden: über Moos. Moose sind für mich wunderschöne Lebewesen und gleichzeitig kleine Ökosysteme, die auf so unterschiedlichen Substraten wachsen, dass man sie im Prinzip überall findet: an Bäumen und Sträuchern, auf Steinen, am Boden, in Mooren als seltene Torfmoose und sogar auf der Mauer neben der Mülltonne, wo sie in der prallen Sonne oft austrocknen, aber nie ganz absterben.

WAS SIND MOOSE?

Als eine der ältesten noch lebenden Pflanzengruppen stammen sie vermutlich von Vorfahren ab, die vor vielen Millionen Jahren das Wasser verließen und das Land besiedelten. Fossilien belegen, dass moosartige Sporen bereits vor über 300 Millio-

nen Jahren existierten, einige Funde deuten sogar auf ein Alter von fast 400 Millionen Jahren hin. Damit waren Moose schon lange vor den modernen Samenpflanzen an Land heimisch und gehören zu den Pionierorganismen, die sich als Erste auf kargen Oberflächen wie Felsen oder kahlen Böden niederließen. Mit ihrem einfachen, anpassungsfähigen Bauplan konnten sie mit minimalen Ressourcen überleben und sich stetig weiterentwickeln. Während komplexere Pflanzen wie Bäume ihre Transportsysteme für Wasser und Nährstoffe erst später entwickelten, hatten sich Moose längst etabliert und bedeckten mit ihren dichten, bodennahen Beständen große Teile der frühen Landflächen.

Damit sind wir beim Kern ihres Erfolges: Denn komplex ist nicht immer besser, wie man an den Moosen ausgesprochen gut sehen kann. Moose sind einfach aufgebaut, sie haben keine echten Wurzeln, sondern sogenannte Rhizoide – feine Fäden, die nur der Verankerung dienen. Im Gegensatz zu komplexeren Pflanzen können sie kein Wasser aus tieferen Bodenschichten nach oben pumpen. Stattdessen nehmen Moose Wasser über ihre Oberfläche auf. Bei Regen, Tau oder hoher Luftfeuchtigkeit wird die Feuchtigkeit von den zarten Blättchen aufgenommen und bis zu einem gewissen Grad gespeichert. Sobald es trocken und warm wird, geben die Moose das Wasser nach und nach wieder ab und können so zwar vorübergehend austrocknen, sterben aber nicht gleich ab. Viele Arten schützen sich zusätzlich, indem sie ihre Blätter einrollen und so ihre Verdunstungsoberfläche verkleinern. Andere haben eine dickere, etwas wächsern anmutende Außenhaut (Cuticula), die

AUFBAU DER MOOSE

Moose sind winzige Einzelpflanzen, die aus kleinen Stämmchen und ebenso kleinen Blättchen bestehen. Der Fachbegriff für die Stämmchen ist Cauloid, die Blättchen heißen Phylloide. Schaut man mit der Lupe genauer hin, erkennt man, dass diese Blättchen oft spiralförmig um das Stämmchen angeordnet sind. Unten an der Basis befinden sich die Rhizoide, die das Moos am Untergrund festhalten, aber kein Wasser und keine Nährstoffe hochtransportieren. Um an Nährstoffe und Mineralien zu gelangen, sind Moose darauf angewiesen, dass Regen oder Tau gelöste Stoffe auf ihre Blätter spült.

die Verdunstung reduziert. Diese Mechanismen ermöglichen es Moosen, auch an unwirtlichen Standorten zu überleben.

Moose vermehren sich ganz anders als Blütenpflanzen, denn sie haben keine Samen, sondern Sporen. Das Moos, das wir sehen, ist die eigentliche Pflanze. Dort entstehen winzige Geschlechtsorgane: männliche Antheridien und weibliche Archegonien. Wenn es feucht genug ist, schwimmen Spermien zur Eizelle und befruchten sie. Daraus wächst ein kleiner Stiel mit einer Kapsel, die Sporen freisetzt. Diese keimen bei günstigen Bedingungen zu neuen Moospflanzen. Zusätzlich vermehren sich Moose oft vegetativ, zum Beispiel durch kleine Pflanzenteile oder Brutkörper, die vom Regen fortgespült werden und anderswo neue Kolonien bilden.

→ Lebermoose sehen ein bisschen aus wie Flechten.

↘ In diesen kleinen wassergefüllten Brutkammern liegen kleine Plättchen – bei Regen werden sie rausgeschleudert und wachsen am neuen Standort zu richtigen Pflanzen heran.

EINES MEINER LIEBLINGSMOOSE, an dem sich diese vegetative Vermehrung wunderbar erkennen lässt, ist das Brunnenlebermoos *(Marchantia polymorpha)*. Es wächst sogar in meinem Dachgarten, und zwar schon seit Jahren im Kübel meiner Clematis. Beim Brunnenlebermoos handelt es sich um ein Lebermoos mit sogenannter thallöser Struktur: Statt winziger Blättchen hat es bandförmige, recht flache Lappen, die sich am Boden ausbreiten. Auf seiner Oberfläche sitzen schalenförmige Gebilde, die man Brutbecher nennt. Darin liegen kleine Körnchen, die sogenannten Brutkörper. Wenn ein Regenschauer auf den Thallus trifft, prallt das Wasser in die Schälchen und schleudert die Brutkörper teils weit heraus. Landen sie auf einem anderen feuchten Fleckchen, können daraus neue Lebermooskörper entstehen. Dieser Mechanismus erklärt, warum man das Brunnenlebermoos plötzlich in einer anderen Ecke des Topfs oder an einem benachbarten Standort wiederfindet. Zusätzlich kann es – wie viele Moose – natürlich auch Sporen bilden. Dann wächst am Thallus ein Sporophyt, der eine Kapsel mit Sporen reifen lässt, bis diese freigesetzt werden und sich verteilen.

BÄRTIERCHEN UND ANDERE MIKROORGANISMEN

Der nächste Aspekt, der Moose für mich so wertvoll macht, ist ihre sehr wichtige Funktion als Lebensraum für winzige Tiere. Zwischen den filigranen Blättchen eines Mooses sammelt sich Wasser, und im Bodenkontakt oder am Holz von Bäumen entsteht ein feuchtes Mikroklima, das Insektenlarven, Einzellern, Würmern und vielen anderen kleinen Organismen Schutz und Nahrung bietet. Besonders begeistern mich darin die Bärtierchen (Tardigrada). Habe ich schon oft über sie geschrieben? Klar. Höre ich damit irgendwann mal auf? Auf keinen Fall.

↑ Diese Bernsteinschnecken *(Succinea putris)* finden sich überall im Moos um meinem Teich herum.

↓ Das perfekte Habitat für Bärtierchen, die jedoch mit bloßem Auge nicht zu erkennen sind.

Bärtierchen sind winzige Organismen von mächtigen 0,1 bis 1,2 Millimetern Körpergröße. Ihr Körper ist segmentiert, und an jedem Segment sitzt ein Paar stummeliger Beinchen. In Moospolstern bewegen sie sich dadurch recht tapsig voran, was ihnen im Deutschen den Namen Bärtierchen – international „water bears" – eingebracht hat. Ein wesentlicher Grund für ihre Bekanntheit liegt in ihrer Fähigkeit, extreme Umweltbedingungen zu überleben, vor denen viele andere Lebewesen kapitulieren müssten. Deshalb wird auch viel an ihnen geforscht. Einige Arten vertragen hohe Strahlungsdosen, extreme Hitze oder Kälte, vor allem aber lange Trockenperioden, mit denen Moose ja, wie wir eben erfahren haben, auch gut zurechtkommen.

Bärtierchen sind so spektakulär, dass sie sogar in der Serie *Star Trek: Discovery* vorkommen.

Bärtierchen haben ein ziemlich breites Nahrungsspektrum. Ein feuchtes Moospolster ist voller Algen, Pilze und anderer winziger Organismen, an denen sie sich bedienen können. Zu diesem Zweck verfügen sie über einen ringförmigen Mundapparat mit feinen Stiletten, mit denen sie Zellen anstechen und deren Inhalt aufsaugen. Manche Arten ernähren sich ausschließlich pflanzlich, während andere opportunistisch alles fressen, was in die Schnute passt. Einige jagen auch kleine Fadenwürmer oder andere Kleinsttiere. Treffen Männchen und Weibchen aufeinander, kommt es zur geschlechtlichen Fortpflanzung. Nach der Befruchtung legt das Weibchen Eier ab, die in einer Häutungshülle oder in geschützten Bereichen des Moospolsters heranreifen. Daneben existieren aber auch Arten, die sich ungeschlechtlich vermehren: Ist kein passendes Männchen greifbar, verwirklichen die Weibchen ihren Traum einer eigenen Familie selbst und legen unbefruchtete Eier, aus denen dennoch lebensfähige Nachkommen schlüpfen. So kann's eben auch gehen.

ABER NICHT NUR BÄRTIERCHEN LEBEN IM MOOSPOLSTER. Dort existieren zahlreiche weitere Mikroorganismen wie Rädertierchen (Rotatoria), Pantoffeltierchen (Paramecium), Amöben (Amoebozoa), Wimpertierchen (Ciliophora) sowie unzählige Arten von Bakterien und winzigen Pilzen. Diese winzigen Organismen übernehmen wichtige ökologische Aufgaben, indem sie abgestorbene Pflanzenteile und andere organische Reste in ihre einfachsten Bestandteile zerlegen. Dabei setzen sie Nährstoffe frei, die von Moosen und anderen Pflanzen direkt aufgenommen und für ihr Wachstum genutzt werden können. Einige Einzeller, beispielsweise Pantoffeltierchen und Amöben, ernähren sich sogar von Bakterien und verhindern damit, dass einzelne Arten zu stark überhandnehmen. Rädertierchen filtern kleinste organische Teilchen aus dem Wasserfilm, der das Moos umgibt, und tragen so zur Reinigung des Lebensraums bei. So halten Mikroorganismen das Moospolster stabil und ermöglichen anderen Lebewesen überhaupt erst, diesen speziellen Lebensraum zu besiedeln. Sie bilden somit – trotz ihrer geringen Größe – die Grundlage für alle weiteren Lebewesen in diesem Mikro-Ökosystem.

DAS LEBEN IN DER BLÜTE

Die „Spanische“ Wegschnecke *(Arion vulgaris)* kommt gar nicht aus Spanien, sondern neueren Untersuchungen nach aus Mitteleuropa – ist also heimisch!

DAS LEBEN IN DER BLÜTE

WENN DER WINTER SCHON WIEDER GEFÜHLT EWIG ANDAUERT, ist es für mich das absolute Highlight, im Januar und Februar die ersten Blüten auftauchen zu sehen. Schneeglöckchen stecken ihre kleinen Köpfchen aus der Erde und entfalten ihre reinweißen Blüten, Narzissen bringen sich in Stellung, und im Botanischen Garten in Hamburg freue ich mich immer ganz besonders auf die Vorfrühlings-Alpenveilchen, die schon ab Januar lang ersehnte Farbkleckse in die Beete zeichnen. Aber wusstest du, dass Blüten nicht nur gut aussehen und vielen Tieren als Nahrung dienen, sondern dass sie auch eigene kleine Lebensräume sind? Für viele Kleintiere, vor allem Insekten, sind Blüten wichtige und einzigartige Minibiotope. Sie bieten nicht nur Nahrung, sondern auch Schutz und ein ganz besonderes Mikroklima. Allerdings sind diese kleinen Oasen oft nur von kurzer Dauer: Eine Blüte kann innerhalb weniger Tage erblühen und wieder vergehen. Blüten können sie durch ihre Form und Farbe die Sonneneinstrahlung beeinflussen und so für ein paar Grad höhere Temperaturen im Inneren sorgen.

Die Heideblüte
in der Fischbeker
Heide ist jedes
Jahr ein tolles
Spektakel.

Zum anderen ist die Luftfeuchtigkeit im Blütenkelch oft höher als in der Umgebung, da die Pflanze Wasser verdunstet und Flüssigkeiten absondert. Außerdem bieten viele Blüten Schutz vor Wind und Wetter. Für winzige Insekten können diese Faktoren überlebenswichtig sein, besonders bei kühlen Temperaturen.

WIE BLÜTEN IHRE BESUCHER ANLOCKEN

Blüten haben effektive Strategien entwickelt, um ihre Bestäuber anzulocken. Sie produzieren vielfältige Duftstoffe, die von blumig-süß bis hin zu täuschenden Aasgerüchen reichen können. Diese Düfte sprechen gezielt bestimmte Insektenarten an, die zur Bestäubung der jeweiligen Pflanze besonders geeignet sind, und bestimmen so maßgeblich, welche Lebensgemeinschaft sich rund um die Blüte bildet.

Für viele Insekten sind Blüten eine zentrale Nahrungsquelle. Sie liefern Pollen und Nektar, die sowohl den Energiebedarf der erwachsenen Tiere decken als auch für die Aufzucht ihrer Jungen notwendig sind. Interessanterweise können sich Menge und Zusammensetzung dieser Ressourcen während der Blütezeit verändern. Gleichzeitig wandelt sich auch der Duft der Blüte, was wiederum beeinflusst,

NEKTARRAUB

Pflanzen brauchen Bestäuber, die ihren Pollen von Blüte zu Blüte tragen. Dafür bieten sie ihnen eine Belohnung an: Nektar. Die süße Flüssigkeit lockt Insekten, Vögel oder Fledermäuse an, die beim Trinken Pollen aufnehmen und weitertragen und der Pflanze dadurch helfen, sich fortzupflanzen. Doch nicht alle Besucher spielen fair: Beim Nektarraub nehmen die Tiere den Nektar auf, ohne die Pflanze zu bestäuben. Statt den vorgesehenen Weg durch die Blütenöffnung zu nehmen, beißen sie von außen ein Loch in die Blütenhülle und umgehen so den Pollenmechanismus. Besonders bekannte Gangster sind Hummeln, die sich auf diese Weise Zugang zu tief liegendem Nektar in den Blüten von Rotklee oder Salbei verschaffen. Auch Kolibris und einige Ameisenarten nutzen diese Methode.

← Weberknechte sind grazile Jäger, die auch mal in Blüten auf Beute lauern.

welche Insekten zu Besuch kommen. Dadurch kann sich die Zusammensetzung der Besucher innerhalb weniger Tage stark verändern.

Der Nektar enthält vor allem Zucker (Glucose, Fructose, Saccharose), die besonders für den Stoffwechsel von Fluginsekten wichtig sind. Bienen, Schmetterlinge und viele Fliegenarten nehmen das „flüssige Gold“ bevorzugt auf, während Käfer und einige Wespen eher pollenorientiert sind. Pollen ist reich an Proteinen und Fetten und spielt für die Entwicklung der Larven vieler Hautflügler, wie zum Beispiel Wildbienen, eine zentrale Rolle.

Neben Nahrung bieten Blüten auch eine ideale Gelegenheit für ein Rendezvous: Männliche und weibliche Insekten verschiedener Arten treffen hier häufig aufeinander – der perfekte Tummelplatz für die Paarung.

Im Laufe ihrer Entwicklung haben Pflanzen eine Vielzahl von Strategien entwickelt, um gezielt Bestäuber anzuziehen. Zusätzlich zu den für uns sichtbaren Farben weisen Blütenblätter oft UV-reflektierende Muster auf, die Insekten mit ihren an UV-Strahlung angepassten Augen wahrnehmen können. So kann eine gelbe Blüte mit dunklem Zentrum für uns Menschen einfarbig wirken, während Bienen oder Schmetterlinge ein kontrastreiches sogenanntes Saftmal erkennen, das sie direkt zum Nektar führt. Quasi wie ein Hubschrauber-Landeplatz mit einem großen roten „H“ in der Mitte.

Die optischen Reize werden noch durch Duftstoffe ergänzt. Viele Blüten verströmen flüchtige, angenehm süßliche Düfte, während andere lieber den Geruch von Aas, Kot oder Gärfrüchten imitieren, um bestimmte Insektenarten anzulocken. Klingt für uns nicht so toll, ist für viele Fliegen jedoch unwiderstehlich. Oder sie setzen auf einen eher herb-würzigen Duft. Ein Beispiel hierfür ist die Wilde Möhre *(Daucus carota* subsp. *carota)*, die in mitteleuropäischen Gärten eine Vielzahl von Insekten anlockt, darunter Käfer, Schwebfliegen, Wildbienen, Honigbienen, Wespen und Schmetterlinge. Sie ist wirklich mein Champion im Garten, nichts lockt mehr unterschiedliche Arten an. Wenn Leute mich fragen: „Jasmin, wie kriege ich viele Bestäuber in meinen Garten? Ich habe Nistplätze und alles, aber welche Blumen pflanze ich?“, sage ich immer: „Wenn du faul bist, einfach nur massig Wilde Möhre. Viel Spaß.“ Die offene, sehr schön doldenförmige Blüte, die einen leichten Duft verströmt und reichlich Pollen bietet, ist für zahlreiche Insekten mit unterschiedlichen Rüssellängen und Körpergrößen leicht zugänglich, und es kommt nicht selten vor, dass ich zehn unterschiedliche Tierarten auf einem Blütenkopf entdecke.

Viele Blüten verströmen flüchtige, angenehm süßliche Düfte, um damit bestimmte Insektenarten anzulocken.

Neben Farbe und Duft spielt auch die Blütenform eine wichtige Rolle. Röhrenförmige Blüten wie bei einigen Lippenblütlern erfordern spezialisierte Bestäuber mit langen Saugrüsseln. Offene Blüten wie bei Korbblütlern oder Doldenblütlern (zum Beispiel eben die Wilde Möhre) sind weniger anspruchsvoll und ziehen daher auch mehr Generalisten an, also Insekten, die quasi das Schweizer Taschenmesser unter den Bestäubern sind und überall zurechtkommen. Es gibt aber auch Pflanzen, die keinen Nektar produzieren, sondern nur so tun. Sie lassen sich dann bestäuben, halten sich aber nicht an ihren Teil der Vereinbarung und lassen die Biene leer ausgehen. Nicht nett, aber sehr kosteneffizient.

Wenn sich Blütenpflanze und Bestäuber einander anpassen, spricht man von Koevolution. Das kann so ablaufen: Pflanzen verändern Duft, Blütenform und Nektarzusammensetzung, während Insekten ihre Rüssel- oder Mundwerkzeuglänge, ihr Saugverhalten oder sogar ihre Flugzeiten an die neuen Gegebenheiten anpassen. Wenn eine Seite ein Update fährt, zieht die andere also mit. So sind Kolibriblüten in Süd- und Mittelamerika oft langrüsselig und rot gefärbt, weil Kolibris Rot gut erkennen und mit ihren schlanken Schnäbeln tief in die Blüte eindringen können.

↑ Diese Krabbenspinne wartet auf einer Lichtnelkenblüte geduldig auf Beute.

← Eine Honigbiene stürzt sich begeistert auf den Storchschnabel in meinem Waldgarten.

Insekten mit besonders langen Rüsseln (wie Taubenschwänzchen) können Nektar ebenfalls aus tiefen Blütenröhren aufnehmen, die für kurzrüsselige Konkurrenten verschlossen bleiben. Umgekehrt finden einige kurzrüsselige Wildbienenarten kaum Zugang zu Blüten mit tiefem Nektarsporn und bevorzugen deshalb flache oder offene Blüten.

WUNDERSCHÖNE RÄUBER

Krabbenspinnen (Thomisidae) sind in Mitteleuropa weitverbreitete Lauerjäger und gehören zu meinen Lieblingstieren. Ihr Körperbau ist flach und eher breit, sie besitzen meist kurze, kräftige Vorderbeine, mit denen sie blitzschnell zuschnappen können. Der ganze Look wirkt wie der Prototyp einer Krabbe, weshalb sie auch diesen Namen bekommen hat. Die Weibchen erreichen je nach Art eine Körperlänge von bis zu einem Zentimeter, die Männchen bleiben oft deutlich kleiner.

Die schönsten Blütenflächen findet man manchmal an den unscheinbarsten Orten, wie hier hinter einem alten Schuppen neben einer viel befahrenen Straße.

Im Gegensatz zu den Netzspinnen bauen Krabbenspinnen keine Netze, sondern lauern auf Beutetiere, die zufällig in ihre Reichweite kommen. Oft nutzen sie Blüten als Ansitz. Dort warten sie nahe der Mitte oder auf den Blütenblättern, bis ein Insekt auf der Suche nach Pollen oder Nektar landet.

Die Färbung der Krabbenspinnen kann variieren: Es gibt weiße, gelbliche, grüne oder rosa Exemplare. Einige Arten können ihre Körperfärbung innerhalb weniger Tage ändern, um sich dem Untergrund anzupassen, wenn sie beispielsweise von einer gelben auf eine rote Blüte wechseln. Häufig wird angenommen, dass Krabbenspinnen perfekt an die Blütenfarbe angepasst und daher für ihre Beute unsichtbar sind. Untersuchungen zur visuellen Wahrnehmung von Insekten zeigen jedoch, dass die Spinnen aus der Sicht ihrer potenziellen Beute nicht immer mit der Blüte verschmelzen – und das auch gar nicht unbedingt das Ziel ist. Im Gegenteil: Im ultravioletten Bereich sind sie oft kontrastreicher, manchmal sogar noch besser erkennbar. In einigen Fällen scheint dieser Farbkontrast auf Bestäuber wie Bienen oder Schwebfliegen anziehend zu wirken, weil es den Anschein hat, als sei die Spinne ein Teil der Blüte und würde auf Nektar hinweisen – quasi ein Saftmal. Die Spinnen profitieren von dieser „falschen Werbung“: Das Insekt fliegt die Blüte an, und die Spinne kann es sich schnappen.

Krabbenspinnen tarnen sich nicht einfach auf Blüten, im Gegenteil – sie locken Bestäuber gezielt an.

WER TUMMELT SICH NOCH IN DEN BLÜTEN?

Manchmal kann man früh morgens in Blüten verschiedene „Übernachtungsgäste“ entdecken: Solitärbienen, Wespen, Honigbienen, Heuschreckenlarven, Käfer und sogar Hummeln, die es nicht mehr rechtzeitig vor der Nacht ins Nest zurück geschafft haben.Darüber hinaus leben hier auch unzählige winzige Blütenbewohner, die erst bei genauerem Hinschauen sichtbar werden. Zwischen den Staubblättern tummeln sich etwa die winzigen Thripse (Thysanoptera), auch Fransenflügler genannt, die teils Pollen fressen, teils Pflanzensäfte saugen. Blattläuse haben die zarten Blütenblätter ebenfalls längst für sich entdeckt und genießen dort ihre tägliche Ration Pflanzensaft. Kleine Käfer wie der Rapsglanzkäfer *(Brassicogethes aeneus)* verbringen den Tag gesellig im Blüteninneren, um sich am reichlichen Pollenvorrat zu bedienen, und nutzen nachts die geschützten Bereiche der Blüte als Schlafplatz. Blüten sind dabei nicht nur Nahrungsquellen, sondern wahre Mikrohabitate: Manche Insekten legen ihre Eier direkt hier ab, sodass die Larven unmittelbar nach dem Schlupf Nahrung vorfinden. Andere wiederum nutzen die Blüte als Treffpunkt zur Partnersuche. So bildet eine einzelne Blüte ein komplexes System, in dem zahlreiche Arten gleichzeitig leben, fressen, sich vermehren und miteinander interagieren.

→ Diese Hummel ist im Mohn eingeschlafen.

↓ Im Frühjahr finde ich viele Nelkenwurzkäfer *(Byturus ochraceus)* in meinem Löwenzahn und anderen Korbblütlern.

DAS LEBEN IN DER PFÜTZE

Diese junge Erdkröte *(Bufo bufo)* sorgt mit ihren Freunden dafür, dass Stechmücken es hier im Miniteich gar nicht erst versuchen müssen.

DAS LEBEN IN DER PFÜTZE

IN EINEM MEINER GÄRTEN STEHT EINE ALTE, rostige Schubkarre, die schon lange nicht mehr zum Arbeiten benutzt wird und der auch das Rad fehlt. Sie sammelt Regenwasser, je nach Jahreszeit ist das mal eine dünne Schicht, mal geht alles eher in Richtung Tümpel. Mit der Zeit sind Blätter von den Bäumen des Moores hineingefallen, an das mein Garten grenzt, und während ich das alles nicht groß beachtet habe, hat sich dort längst ein eigener kleiner Lebensraum gebildet. Wasserlinsen schwimmen an der Oberfläche, Mückenlarven zappeln darin umher, und ab und zu entdecke ich einen Frosch auf Nahrungssuche. Im hinteren Teil meines Gartens, in der Nähe des Sumpfes, ist der Boden sowieso oft feucht, weshalb ich dort nichts mähe und die Ecke „Frogland“ getauft habe. Dort leben viele Amphibien, und weil der Grundwasserspiegel hoch ist, bleiben die Pfützen nach Regenfällen manchmal wochenlang stehen.

Hättest du gedacht, dass so eine Pfütze auch zu einem richtigen Biotop werden kann? Eine Pfütze ist ein sehr überschaubares, meist flaches Gewässer, das nach

Regen oder Schneeschmelze entsteht und oft innerhalb weniger Stunden oder Tage wieder verschwindet. Sie steht nicht dauerhaft mit dem Grundwasser in Verbindung und trocknet durch Verdunstung oder Versickerung schnell wieder aus. Ein Tümpel unterscheidet sich von einer Pfütze vor allem durch seine längere Lebensdauer und größere Wassermenge – er bleibt oft über mehrere Wochen oder Monate bestehen. Sowohl Pfütze als auch Tümpel sind typische Extremlebensräume. Im Gegensatz dazu ist ein Teich ein dauerhaftes Stillgewässer, das zwar nicht austrocknet, aber auch keine größeren Wasserströmungen aufweist. Größere Stillgewässer wie Seen haben eine stabile Wasserschichtung und tiefere Zonen, die auch in trockenen Sommern nicht vollständig austrocknen.

Viele Tier- und Pflanzenarten, die in Pfützen und Tümpeln leben, sind Spezialisten in Bezug auf ihre Entwicklungsdauer oder ihre Überlebensstrategien. Einige können extrem schnelle Entwicklungszyklen durchlaufen, andere überdauern Trockenphasen in Form von Dauerstadien, wie beispielsweise unser Bärtierchen. Gerade in solchen kurzlebigen Lebensräumen zeigt sich der erstaunliche Einfallsreichtum der Evolution.

WAS SCHWIMMT DENN DA?

In jeder noch so kleinen Pfütze finden sich unzählige Mikroorganismen. Sobald sich Regenwasser am Boden sammelt, siedeln sich Bakterien und einzellige Algen an, die mit dem Wind, durch herabfallendes Laub oder über die Füße von Tieren eingetragen werden. Auch Zysten bestimmter Algen oder Wimpertierchen (Ciliaten) können bereits im Untergrund vorhanden sein und durch die Befeuchtung wieder aktiviert werden. Diese Mikroorganismen sind oft die ersten Besiedler, die bei ausreichendem Sonnenlicht mit der Primärproduktion beginnen und organisches Material, das in die Pfütze gelangt, abbauen. Unter Primärproduktion versteht man die Umwandlung von anorganischem Kohlenstoff – meist in Form von CO_2 – in organische Biomasse durch Photosynthese. Das bildet die Grundlage der Nahrungskette und liefert Energie für nachfolgende Konsumenten.

Doch nicht nur Mikroorganismen profitieren von diesen kurzlebigen Gewässern. Viele sehr kleine wirbellose Tiere haben Strategien entwickelt, um sich schnell an solche extremen Bedingungen anzupassen. In Fahrrinnen von landwirtschaftlichen Geräten, auf Waldwegen oder in Senken auf Feldern überdauern Ruderfußkrebse (Copepoden) und Wasserflöhe (Daphnien) in Form von Dauereiern im Erdboden. Sobald die Senke wieder mit Wasser gefüllt ist, können sie innerhalb weniger Stunden schlüpfen, sich entwickeln und paaren, ganz so, als würden sie aus dem Nichts auftauchen. Auch manche heimische Stechmückenarten, wie jene aus der Gattung *Aedes,* legen ihre Eier gezielt an feuchten Stellen ab, wo sie überdauern, bis das Wasser sie aktiviert.

→ Diese Azurjungfer *(Coenagrion)* lässt sich ihr Mittagessen schmecken.

↓ Die deutschen Wasserfrösche sind auf den ersten Blick schwer zu unterscheiden.

In Mooren findet man viele Tümpel, die auch mal länger trockenfallen können.

Innerhalb weniger Tage durchlaufen die Larven ihre gesamte Entwicklung und verpuppen sich, bevor die Pfütze wieder verschwindet. Zuckmücken (Chironomidae) zeigen eine ähnliche Anpassung: Ihre Larven überstehen trockene Phasen in Schlammresten und setzen ihr Wachstum sofort fort, sobald Wasser verfügbar ist.

Vor allem in stehenden Tümpeln können Algenblüten an der Oberfläche sichtbar werden: grüne Schlieren von Fadenalgen oder eine leichte Trübung durch Kieselalgen (Diatomeen). Daneben wirken oft im Verborgenen Bakterien, die für die mineralische Freisetzung von Nährstoffen sorgen, auf die wiederum andere Organismen angewiesen sind. Das ist aber nicht nur in kleinen Gewässern ein Problem. Ich habe einige Jahre in Berlin gewohnt und während meiner Zeit dort häufig erlebt, dass Algenblüten gern Brandenburger Badeseen heimsuchen – besonders im Hochsommer. Durch das Baden gelangen zusätzliche Nährstoffe wie Hautschuppen, Sonnencreme und Schweiß ins Wasser, die zusammen mit Sonne und Wärme das Algenwachstum beschleunigen. So können sich Blaualgen und andere Mikroorganismen explosionsartig vermehren, was nicht nur das Wasser trübt, sondern auch für Mensch und Tier gefährlich sein kann.

↓ Dieser Teichmolch *(Lissotriton vulgaris)* hat hier seine Landtracht. Zur Laichzeit wechselt er in die Wassertracht, bekommt also schleimigere Haut, wird dunkler und der Schwanz wird abgeplattet. Die Männchen bilden zudem einen Kamm aus.

In kleinen Tümpeln fehlen oft größere Tiere wie Fische oder Molche, weil sie nicht schnell genug einwandern und sich dort wohnlich einrichten können, bevor das Gewässer wieder austrocknet. Dadurch ist der Fraßdruck auf Algen und Bakterien geringer und können sich diese ungehindert vermehren, weshalb es in kleineren Gewässern häufiger zu Algenblüten kommt als am Badesee. Für Pionierarten wie Wasserflöhe oder Zuckmückenlarven bedeutet das Fehlen dieser Fressfeinde wiederum die Chance, sich schnell zu entwickeln.

Wenn eine Pfütze einige Tage bis sogar einige Wochen steht, können sich nach und nach weitere Arten ansiedeln, und das Fleckchen Wasser wird zu einem echten Tümpel mit neuen ökologischen Nischen. Wasserflöhe und Ruderfußkrebse (Copepoda) treten nun in größerer Zahl auf, da sie mehr Zeit haben, sich zu vermehren. Sie filtern Algen und Bakterien aus dem Wasser, was dazu führt, dass das vorher schlammige Wasser plötzlich schön klar wird. Auch räuberische Insekten wie Rückenschwimmer (Notonecta) und Wasserläufer (Gerridae) nutzen die neuen Lebensräume. Während die Rückenschwimmer mit ihrem Luftvorrat im Bauch effektiv nach Mückenlarven jagen, gleiten die Wasserläufer wie Eiskunstläufer über die Wasseroberfläche und fangen dort gestrandete Insekten. Libellenlarven, zum Beispiel der Kleinlibellen (Coenagrionidae), benötigen meist mehr Zeit für ihre Entwicklung, als eine Pfütze bieten kann. Einige früh fliegende Arten, wie die Blauflügelige Prachtlibelle *(Coenagrion puella)*, haben jedoch so kurze Entwicklungszyklen, dass sie sich in warmen Perioden zumindest in den seit ein paar Wochen oder Monaten bestehenden Tümpeln erfolgreich entwickeln können.

Libellen sind mit einer Jagderfolgsquote von rund 95 Prozent die effizientesten Jägerinnen im Tierreich. Heißt: Wenn eine Libelle die Verfolgung aufgenommen hat, war's das für dich als Insekt.

Wasserkäfer wie Schwimmkäfer (Haliplus) oder Taumelkäfer (Gyrinidae) sind ebenfalls ständig auf der Suche nach neuen aquatischen Wirkungsstätten. Sie testen verschiedene Tümpel auf ihre Eignung, bleiben aber nur, wenn genügend Nahrung vorhanden ist – im Falle der Schwimmkäfer wäre das Detrius, die Taumelkäfer sind bevorzugt Räuber. In größeren und länger bestehenden Tümpeln können sich gelegentlich sogar Amphibien wie der Bergmol*ch (Ichthyosaura alpestris)* oder die Erdkröte *(Bufo bufo)* ansiedeln, wie es in meiner Schubkarre der Fall ist. Auch einige Pionierarten wie die Wechselkröte *(Bufotes viridis)* oder die Kreuzkröte *(Epidalea calamita)* legen ihre Laichschnüre gezielt in solchen schnell entstehenden Kleingewässern ab. Ihre Kaulquappen entwickeln sich in kürzester Zeit, bevor das Wasser wieder verschwindet – ein Risiko, das sich lohnt, denn Raubfische fehlen in diesen Gewässern, was natürlich ein riesiges Plus für den Nachwuchs ist! Aber trotz allem ist das immer noch nicht risikofrei: Bleibt der Tümpel nicht lange genug bestehen, scheitert die Fortpflanzung.

DAS LEBEN IN SPEZIELLEN MIKROHABITATEN

Dieses verstorbene Vogelbaby lag auf dem Gehweg – vermutlich hat der Sturm es in der Nacht zuvor aus dem Nest geschleudert.

DAS LEBEN IN SPEZIELLEN MIKROHABITATEN

ES GIBT UNZÄHLIGE MIKROHABITATE, die uns immer wieder zeigen, wie genial und komplex das Leben in der Natur organisiert ist. Einige davon haben wir uns schon gemeinsam angesehen. Aber zwei Lebensräume finde ich so besonders, dass sie einen eigenen Platz in diesem Buch verdienen: Kadaver und Dung. Klingt vielleicht etwas eklig, ist aber superspannend.

DER KADAVER

Eines schönen Frühlingsmorgens bin ich mit meiner Hündin Chloé, die leider mittlerweile schon verstorben ist, spazieren gegangen. Plötzlich wurde sie ganz aufgeregt und begann, wild an einer Stelle auf der Wiese herumzuschnüffeln. Ich scheuchte sie weg, um mir anzugucken, was sie entdeckt hatte – ein Vogelküken lag vor dem Stamm einer Buche auf der Wiese. In der Nacht zuvor hatte ein Sturm

← Fliegen riechen einen Kadaver über Kilometer hinweg, sagen aber auch bei leckerem Nektar nicht nein.

getobt, das Küken hatte es dabei wohl aus dem Nest geworfen. Wenn ich so was sehe, zieht es mir immer kurz den Brustkorb zu. Natürlich ist der Tod in der Natur ganz normal und die Grundlage allen Lebens, denn irgendwoher müssen die Nährstoffe ja kommen, nicht? Dennoch macht es mich traurig, wenn ich diesen kleinen Körper sehe, wie er da vor mir liegt. Schieben wir die Traurigkeit aber mal beiseite, ziehen die Wissenschaftsbrille auf und schauen uns an, was jetzt als Nächstes passieren wird, denn in der Natur gilt: Des einen Leid, des anderen Freud.

Schon kurz nach dem Tod setzen im Inneren des Vogelkükenkörpers Fäulnisprozesse unter Sauerstoffabschluss ein. Bakterien, die im Darm des Kükens und in anderen Körperregionen seit Lebzeiten zu Hause waren, vermehren sich und beginnen, das Gewebe zu zersetzen. Gleichzeitig findet auf der Körperoberfläche ein zweiter wichtiger Prozess statt, die Verwesung. Dann sind Mikroorganismen wie Bakterien und Pilze am Werk, die Sauerstoff für ihre Zersetzungsarbeit brauchen – und dabei entsteht auch dieser typische, für uns unangenehme Geruch. Für andere Lebewesen ist das aber kein Gestank, im Gegenteil: Für sie verströmt das tote Tier ein unwiderstehliches Aroma.

Das alles geschieht in atemberaubender Geschwindigkeit. Schon eine Viertelstunde nach dem Tod des Kükens treffen die ersten Gäste ein: bestimmte Fliegenarten, die sich auf Aas spezialisiert haben. Aber nicht nur für Fluginsekten bleibt das Küken interessant. In den nächsten Tagen und Wochen kommen Schnecken, Käfer, Ameisen, Wespen, Spinnen, Hundertfüßer und all die anderen vorbei, um sich zu holen, was sie zum Überleben für sich und ihre Brut brauchen. So entsteht aus dem Tod neues Leben, und nichts geht verloren. Ein wunderbarer Kreislauf, wenn man mich fragt. Und irgendwie tröstlich.

→ Dieser Schimmelpilz ernährt sich aktuell von einer halben Weintraube, man findet Schimmelpilze aber auch auf Kadavern. Die dunklen Köpfchen sind die Sporen, mit denen er sich fortpflanzt.

FANGEN WIR MIT DEM AN, was den meisten Menschen auf den ersten Blick am auffälligsten erscheint: Fliegen. Wenn wir an Fliegen denken, stellen wir uns oft die klassischen, metallisch glänzenden Schmeißfliegen vor, die im Sommer immer dann auftauchen, wenn wir gerade in Ruhe unser Frühstücksbrot essen wollen. Tatsächlich gibt es aber eine Vielzahl verschiedener Fliegenfamilien, die sich mehr oder weniger auf Aas spezialisiert haben. Die Schmeißfliegen (Calliphoridae) sind dabei natürlich durchaus echte „Platzhirsche" und meist als Erstes vor Ort. Denn diese, nun, nennen wir sie „geruchsintensiven", Verbindungen – unter anderem Schwefelwasserstoff, Amine und viele andere flüchtige Moleküle –, können Schmeißfliegen in einem Umkreis von bis zu 15 Kilometern wahrnehmen und anvisieren. Sie haben dafür feine Rezeptorzellen an ihren Antennen, die genau auf diese typischen Verwesungsgerüche eingestellt sind. Was für uns muffig oder „eklig" riecht, ist für eine Schmeißfliegenmutter das Pendant zu Weihnachtsplätzchen, frischer Pizza und Kaffeeduft in einem. Es ist das Signal für: *Deine Suche hat ein Ende! Hier kannst du deine Eier ablegen, hier findet deine Brut genügend Nahrung!* Bei dem Wohnungsmarkt heutzutage kann man verstehen, dass die Fliegenmutter in spe keine Zeit verliert und sofort startet.

Und so fliegen die ersten Fliegenweibchen ein. Sie legen ihre Eier bevorzugt an feuchten Körperstellen des Kükens ab – an den Augen, am Schnabel, an Hautöffnungen, überall dort, wo man leicht ins Innere des Körpers kommt.

Manchmal schlüpfen diese Maden (Larven) so schnell nach der Eiablage, dass man fast glauben könnte, die Fliegen seien lebend gebärend. In Wirklichkeit hat das Weibchen die Eier nur so lange aufbewahrt, bis der richtige Zeitpunkt gekommen ist, und die Maden haben sich derweil schon recht weit entwickelt. Wenn diese Maden aktiv werden, beginnt ein Wettlauf gegen die Zeit. Wie man sich vorstellen kann, bietet ein toter Vogelkadaver nicht unendlich viel Nahrung. Es gilt also, sich so schnell wie möglich satt zu fressen, bevor andere Insektenarten oder äußere Einflüsse den Kadaver beschädigen oder gar verschwinden lassen. Sie fressen ununterbrochen, verpuppen sich und schlüpfen dann schnell als neue Fliegen aus der Puppe – puh, geschafft!

Aber wie man sich denken kann, ist ein totes Vogelküken nicht nur für Fliegenmütter interessant. Auch Käfer haben eine große Vorliebe für diesen Mikrolebensraum. Vor allem in den warmen Monaten kann es vorkommen, dass gleich nach den Fliegen die Vertreter der Gattung *Nicrophorus* – die Totengräber – auftauchen. Das sind Aaskäfer, und sie gehören zu den Staphylinoidea, der Überfamilie, von der auch „meine“ Staphylinidae ein Teil sind.

← Nachdem diese kleinen Meisen in einer Frostnacht im letzten April erfroren sind, haben Fliegen sofort ihre Eier an die Körperöffnungen gelegt.

Ihre Lebensweise ist bemerkenswert, deshalb erzähle ich so gern von ihnen. Stell dir vor, du bist ein *Nicrophorus*-Männchen und nimmst plötzlich den Geruch eines frisch verstorbenen Vogelkükens wahr. Du krabbelst los, immer der Nase nach, bis du endlich dein Ziel erreichst. Hier ist es, drei Zimmer, Küche, Bad, perfekt. Jetzt geht es direkt ans Buddeln: Du fängst an, den Boden unter dem Kadaver freizulegen. Du gräbst und gräbst, bis das tote Küken langsam in eine kleine Mulde sinkt. Währenddessen läufst du immer wieder um das Tier herum, richtest dich auf und wippst mit deinem auffälligen orange-roten Hinterleib. Das Ganze nennt sich „Sterzeln", und das Ziel ist es, ein Weibchen damit anzulocken. Doch die Konkurrenz schläft nicht, denn auch andere *Nicrophorus*-Männchen können Witterung aufgenommen haben – gar nicht gut. Treffen zwei Rivalen aufeinander, entscheidet oft ein kurzer, heftiger Kampf darüber, wer das Recht auf den Kadaver behält.

Hat einer gewonnen und gesellt sich schließlich noch ein Weibchen dazu, wird aus dem Soloprojekt eine Familie. Beide Käfereltern kümmern sich gemeinsam darum, dass das Vogelküken weiter im Boden verschwindet und gut auf den Nachwuchs vorbereitet wird. Eventuelle Federreste werden entfernt, gegebenenfalls wird das Aas an den Seiten etwas mit speziellem Käferspeichel benetzt, der eine leicht konservierende Wirkung hat. Denn niemand möchte, dass der wertvolle Vorrat verschimmelt, bevor die Brut überhaupt schlüpfen kann, oder? Anschließend legt das Weibchen seine Eier am Tierkörper ab. Und dann? Schlüpfen die Larven, die nicht wahllos alles zerfressen – nein, sie lassen sich von Mama und Papa betüddeln, die hingebungsvoll Brutpflege betreiben.

Die Käferkinder krabbeln also auf die Vogelküken zu und werden von den Käfereltern mit vorverdauter Nahrung gefüttert. Man kann sich das so vorstellen, dass die winzigen Larven ihre Eltern anstupsen und durch leichtes Popowackeln signalisieren: *Hallo, wir haben Hunger! Wo bleibt der Nachschub?* Erst in einem späteren Larvenstadium sind die kleinen Käfer in der Lage, selbstständig zu fressen. Übrigens kann es vorkommen, dass diese Käfer mit einem Vogelküken überfordert sind, beispielsweise wenn es zu groß ist. Dann legen mehrere Käferpaare ihre Eier ab und teilen sich das Aas, was gewissermaßen ein kollektives Brutprojekt werden kann, wenngleich sie insgesamt eher territorial drauf sind – auf Dauer wird diese Zweck-WG also nicht bestehen.

Wenn die Käferlarven genug gefressen haben und sich verpuppen wollen, ziehen sie sich in den umliegenden Boden zurück und entwickeln sich in Ruhe zum erwachsenen Käfer.

NATÜRLICH STEHEN TOTE VOGELKÜKEN nicht nur bei Schmeißfliegen und Totengräberkäfern auf dem Speiseplan. Auch viele andere Käferfamilien nutzen diese Nahrungsquelle. Die Erdkäfer (Trogidae) zum Beispiel haben sich auf besonders widerstandsfähige Reste spezialisiert: mumifizierte Hautfetzen, Federn, Hornsubstanz. Ist der Körper bereits ausgetrocknet, zerkleinern sie mit ihren kräf-

tigen Mundwerkzeugen selbst härteste Materialien. Schnecken sind nicht nur an zartem Grünzeug interessiert, sondern nehmen auch eiweißhaltige Nahrung auf. Sie raspeln an Geweberesten und gönnen sich auch das Kalzium aus den Knochen, um ihr Gehäuse zu stärken und zu reparieren. Schaut man sich das tote Küken genau an, entdeckt man ein sich immer stärker vergrößerndes Gewimmel. Ameisen marschieren in Kolonnen, schnappen sich Fleischreste und tragen sie in ihren Bau. Wespen, die man eher mit süßen Säften in Verbindung bringt, reißen kleine Stücke aus dem Kadaver und füttern damit ihre Larven. Hundertfüßer und Spinnen halten sich dort auf, weil sie Beute unter den Kadaverfressern machen wollen.

Das Vogelküken ist fast schon zu einem kleinen temporären Ökosystem geworden, das über komplexe Nahrungsketten und Wechselwirkungen funktioniert, die erst bei genauerem Hinsehen sichtbar werden. Das Küken selbst hat davon nichts mehr, aber sein Körper wird Stück für Stück in neue Lebewesen integriert. Sein Tod ist traurig – war aber nicht umsonst.

← Ich kenne ein paar Asseln in meinen Terrarien, die an diesem angespülten Rochenei großes Interesse hätten.

DUNG

Ich befinde mich in Niedersachsen, genau genommen in der Wingst, und lehne mich an ein hölzernes Weidetor. Vor mir erstreckt sich eine Weide, auf der im Schatten eines Baumes schwarze Rinder gemütlich zusammenstehen. Manche liegen und kauen so vor sich hin, andere schlendern träge umher, dabei wirbelt Staub in der trockenen Sommerhitze auf. Ein leises Muhen ist zu hören. Plötzlich hebt ein Rind den Schwanz und lässt einige weiche Fladen fallen. Für viele Menschen mag das abstoßend wirken – ich hingegen bin fasziniert, denn genau wegen dieses „Abfalls“ bin ich hier: Ich möchte Kuhfladen beobachten und erkunden und ja, Wissenschaftler:innen machen so was gern mal.

← Im Wald findet man viele Losungen von Wildschweinen oder Rotwild – sehr zur Freude von Mistkäfer und Co.

Kuhfladen sind weit mehr als unangenehm riechende Hinterlassenschaften. Seit Jahrhunderten nutzen die Menschen Rinderdung als Beimischung zu Baulehm, zur Herstellung von Putz oder als Brennstoff. Selbst als geruchloser Bodenbelag in ländlichen Gebieten und als Grundlage für Biogas hat er sich bewährt. Vor allem aber ist er von immenser ökologischer Bedeutung. In natürlichen Kreisläufen gibt es keinen „Abfall“: Was ein Tier ausscheidet, dient unzähligen anderen Organismen als wertvolle Ressource. So bieten Kuhfladen idealen Lebensraum für viele Insekten und andere Kleinlebewesen. Bei der Weidehaltung von Rindern fallen große Mengen an Dung an, da Rinder häufiger ihre Notdurft verrichten müssen als wir Menschen. Bei einer Herde, in der jedes Tier zwischen fünf- und siebenmal am Tag kotet, summieren sich die Fladen schnell zu hohen Tonnagen. Allein in Deutschland leben rund elf Millionen Rinder, sodass unvorstellbare Mengen anfallen.

Wo Rinder dennoch regelmäßig weiden, entstehen naturnahe Weidelandschaften, die eine Artenvielfalt fördern, die man anderswo lange suchen muss. Schätzungen gehen davon aus, dass bereits eine Herde von 700 Weiderindern rund 1000 Tonnen Dung pro Jahr produzieren kann. Diese Masse beherbergt bis zu zehn Tonnen Kleinstlebewesen wie Käfer oder Würmer, die wiederum Vögel wie den Wiedehopf *(Upupa epops)* und Neuntöter *(Lanius collurio)* oder auch Fledermäuse anlocken. Doch bevor ich mich in das „Innenleben" des Fladens vertiefe, interessiert mich, wie er überhaupt entsteht.

Wenn eine Kuh auf der Weide Gräser und Kräuter frisst, gelangt die pflanzliche Nahrung zunächst grob zerkleinert und mit Speichel vermischt in den Netzmagen, wo sie sortiert wird. Ausreichend zerkleinerte Teile wandern in den nächsten Vormagen, den Blättermagen, größere Bestandteile landen zunächst im Pansen. Der Pansen ist beeindruckend groß und fasst bis zu 180 Liter – etwa so viel wie eine volle Badewanne. In diesem Vormagen helfen unzählige Bakterien, schwer verdauliche Pflanzenteile wie Cellulose aufzuspalten. Dabei entstehen verwertbare Kohlenhydrate und Eiweiße. Die Kuh wechselt dabei zwischen Fress- und Ruhephasen: In den Ruhephasen wird bereits gefressenes Futter wieder ins Maul zurückgeführt, um weiter zerkleinert zu werden – das sogenannte Wiederkäuen. Mehrere Stunden am Tag ist das Rind damit beschäftigt, die Nahrung hochzuwürgen, zu zerkleinern und mit Speichel anzureichern, bevor alles wieder in den Pansen gelangt.

Ist der Futterbrei im Pansen nach etwa ein bis drei Tagen ausreichend aufgeschlossen, kann er vom Netz- in den Blättermagen wandern. Dort wird ihm überschüssige Flüssigkeit entzogen. Bakterien helfen dem Wiederkäuer weiterhin bei der Verdauung, und anschließend gelangt der Brei in den Labmagen, der ähnlich wie unser eigener Magen mit Salzsäure arbeitet. Dort können die Eiweiße im sauren Milieu sehr effektiv weiter aufgespalten werden. Erst im Dünn- und Dickdarm werden Wasser und Nährstoffe aufgenommen, bis das Endprodukt schließlich als Kot auf die Wiese fällt.

WENN ES UM DUNG GEHT, kennen die meisten Leute einen Experten besonders gut: den Gemeinen Mistkäfer *(Geotrupes stercorarius)*. Oft sieht man die Kerlchen, wie sie kleine Mistkugeln formen und sie in einer geraden Linie vor sich her rollen – nur schnell weg, damit niemand die wertvolle Fracht stiehlt! Gedacht ist das als Startbudget für den Nachwuchs. Manche Mistkäferarten nutzen den Sternenhimmel als Navigationshilfe, wenn sie nachts ihren Weg finden müssen. Diese Fähigkeit wurde vor allem bei afrikanischen Mistkäfern *(Scarabaeus satyrus)* untersucht. Sie orientieren sich nicht an einzelnen Sternen, sondern an der diffusen Lichtspur der Milchstraße. Ihr Sehvermögen reicht aus, um Helligkeitskontraste am Nachthimmel wahrzunehmen, die sie als eine Art Kompass nutzen. Das haben Forschende auch in Experimenten überprüft: Die Käfer wurden auf eine runde Plattform gesetzt, die

Manche Mistkäferarten nutzen den Sternenhimmel als Navigationshilfe, wenn sie nachts ihren Weg finden müssen.

von einem schwarzen Vorhang umgeben war. Unter freiem Himmel rollten sie ihre Kugeln in geraden Linien davon. Wurde der Sternenhimmel durch eine Plane verdeckt oder künstlich verändert – etwa indem nur helle Sterne sichtbar blieben, die Milchstraße aber ausgeblendet wurde –, verloren die Käfer die Orientierung und bewegten sich in unregelmäßigen Mustern. Ein weiterer Versuch fand im Planetarium statt: Dort konnten die Forscher die Lichtverhältnisse gezielt steuern. Wurde die Milchstraße projiziert, rollten die Käfer wieder zuverlässig geradeaus, ohne diesen Hinweis waren sie verunsichert und bewegten sich wieder erratischer.

Dass sich viele Käfer an einem Kuhfladen tummeln, ist auch für eine Reihe weiterer Tiere spannend. Milben nutzen die Käfer gern als „Taxi", um zu anderen Misthaufen zu gelangen. Auf einem frischen Haufen herrscht aber auch Jagdstimmung: Staphyliniden halten Ausschau nach Beute, Spinnen schnappen sich ahnungslose Fliegen, Vögel picken Larven raus. Nachts segeln Fledermäuse tief über den Fladen, um nach einem leckeren Insektensnack Ausschau zu halten.

↓ Ein Mistkäfer, den ich von einer Straße gepflückt und in Sicherheit gebracht habe. Praktischerweise zeigt er mir, wo es langgeht.

Liegt der Fladen lang genug, besiedeln ihn auch Pilze, auch die Regenwürmer interessieren sich nach einer Weile für den bereits durchlöcherten Kuhfladen. Sie arbeiten die Reste tiefer in den Boden ein und verbessern so die Bodenstruktur. Gleichzeitig gelangen Nährstoffe aus dem Kot in die Erde – beste Voraussetzungen für üppiges Pflanzenwachstum.

Unter dem Fladen kann man oft ein komplexes Tunnelsystem entdecken. Nicht nur Würmer arbeiten da schwer, auch einige Käferarten, darunter der seltene

Mondhornkäfer *(Copris lunaris)*, leben bevorzugt in solchen unterirdischen Gängen. Die Männchen schimmern blau und tragen ein auffälliges Horn, mit dem sie Rivalen beeindrucken oder vertreiben. Diese Käfer kann man nicht nur sehen, sondern mit etwas Glück auch hören: Durch bestimmte Reibungsbewegungen können sie ein zirpendes Geräusch erzeugen.

Trotz dieser beeindruckenden Vielfalt ist noch längst nicht abschließend erforscht, welche und wie viele Arten einen Kuhfladen ihr Zuhause nennen. Viele Insektenforschende berichten jedoch von einem Rückgang. Ein wesentlicher Grund dafür ist die moderne Landwirtschaft: Nur noch wenige Rinder verbringen ihren Alltag auf der Weide, die meisten werden im Stall eingesperrt, wo sich die entsprechenden Insekten nicht ansiedeln, da der Mist ja entfernt wird und sich ein Stall sowieso nicht als Lebensraum eignet – in meinen Augen übrigens für niemanden, auch nicht für Rinder, Schweine und Co. Dung gelangt von dort aus zwar zumindest über die Gülleausbringung auf die Felder, ist aber entweder stark verdünnt oder in seiner Struktur bereits derart verändert, dass er für viele spezialisierte Insektenarten keinen geeigneten Lebensraum mehr darstellt.

Ein weiterer kritischer Punkt sind Arzneimittelrückstände im Dung. Zur Bekämpfung von Parasiten wie Fadenwürmern (Nematoden) werden Rindern teilweise Wirkstoffe verabreicht, die für Wirbellose giftig sind. Gelangen diese Wirkstoffe in den Kot, können sie die kleinen Tiere direkt töten, oder die Krabbler gehen gar nicht erst ran. Man spricht dann von „sterilem Kot“: Statt eines wimmelnden Miniökosystems bleibt ein sonnengebackener „Betonfladen“ zurück, der kaum zersetzt wird. Dadurch gelangen wichtige Nährstoffe nicht mehr in den Boden, was auch das Pflanzenwachstum langfristig schwächt. Antibiotika, die das Mikrobiom im Darm von Kühen verändern, können ähnliche Auswirkungen haben, denn viele krabbelnde Dungliebhaber benötigen eine festere, faserreiche Kotstruktur, um Gänge zu graben, und Antibiotika macht den Stuhl eher weich und wässrig – keine gute Bausubstanz.

← Auf Pferdekoppeln findet man häufig Mistkäfer, die sich an den Pferdeäpfeln zu schaffen machen.

Hierzulande ist es leider teilweise auch immer noch üblich, ganze Herden prophylaktisch mit Medikamenten zu behandeln, weil die Massentierhaltung natürlich ein hohes Infektionsrisiko für das Vieh birgt – was der Vielfalt der Dungbewohner oft den Garaus macht, und das ist nicht gut für unsere Ökosysteme. Denn wenn der Bestand an Dunginsekten stark zurückgeht, wird ein wichtiges ökologisches Netzwerk gestört. Nährstoffe und Pflanzensamen werden seltener und weniger weit verbreitet, es fehlt an Nahrung für Vögel, Reptilien und Kleinsäuger. Zudem leidet der Boden, denn Mistkäfer und andere Insekten leisten einen wichtigen Beitrag zur Durchlüftung des Erdreichs. Auch wenn die Bauern viel Gülle ausbringen, kann das die natürliche Arbeit dieser Dungbewohner nicht ersetzen.

HÄTTEST DU GEDACHT, DASS KOT SO WICHTIG IST? Die Bedeutung der Ausscheidungen für den Nährstoffkreislauf unserer Welt wird besonders deutlich, wenn wir einen Blick in die Erdgeschichte werfen. Vor etwa 12.000 Jahren starb ein Großteil der Megafauna aus – darunter Wollnashörner *(Coelodonta antiquitatis)*, die in der Popkultur so beliebten Mammuts *(Mammuthus primigenius)* und auch die Riesenfaultiere (Megatheriidae). Als Hauptursachen gelten der Klimawandel und der Einfluss des Menschen, wie so oft. Seufz.

Die Folgen für die Ökosysteme waren natürlich enorm: Große Pflanzenfresser verteilten ihre Häufchen über weite Strecken, wenn sie wanderten oder umherzogen. Mit ihrem Aussterben nahm die Menge des ausgeschiedenen Kots – und damit die Verbreitung von Pflanzensamen und Nährstoffen – dramatisch ab. Wissenschaftliche Untersuchungen zeigen, dass durch das Fehlen der Megafauna in bestimmten Regionen, wie zum Beispiel im Amazonasgebiet, heute bis zu 98 Prozent weniger Nährstoffe durch Tiere verbreitet werden als früher! Dadurch verarmen die Böden schneller, und die Pflanzenwelt schrumpft. Wenn es immer weniger Pflanzen gibt, leiden wiederum andere Tierarten, die auf deren Wachstum angewiesen sind. An vielen Orten der Welt findet man deshalb nur noch in schmalen, besonders fruchtbaren Streifen – etwa entlang eines Flusses – ausreichend gute Böden. Andernorts herrscht Nährstoffmangel, der eine langfristig nachhaltige Landnutzung erschwert. Dieses globale Phänomen zeigt, wie wichtig die Ausscheidungen kleiner und großer Tiere für die Stabilität von Ökosystemen sind.

Das gute an naturnahen Standorten ist, dass die Pflanzen zu ganz unterschiedlichen Zeiten blühen, sodass Bestäuber das ganze Jahr Futter haben.

Es ist schade, dass es hier kein Bewegtbild gibt, denn der Haselblattroller *(Apoderus coryli)* läuft so witzig wie aus einem Zeichentrickfilm.

BIS BALD!

Ich hoffe, dieses Buch hat dich dazu inspiriert, genauer hinzusehen – das zu beachten, was sich da so zwischen Halmen bewegt, was unter Steinen schlummert oder auf der Baumrinde entlangkrabbelt. Die kleinsten Lebewesen, die oft unbeachtet bleiben, sind das Fundament unserer Ökosysteme. Sie zersetzen, bestäuben, bauen Böden auf, regulieren andere Populationen und ernähren eine Vielzahl größerer Tiere. Ohne sie würde die Natur nicht funktionieren, und auch wir wären nicht da, wo wir heute sind.

In Deutschland leben rund 72.000 bekannte Arten – und wahrscheinlich noch viele mehr, die wir noch gar nicht entdeckt haben. Über 48.000 Tierarten tippeln, krabbeln, kriechen, schwimmen oder fliegen durch unsere Landschaften. Es gibt fast 10.000 Pflanzenarten, die ihre Blätter in Richtung Sonne strecken, und über 14.000 Pilzarten, die sich durch Böden und Gehölze ziehen, um alle Lebewesen in einem Netzwerk aus Stoffkreisläufen zu verbinden.

Oft denken wir, wir seien von all dem getrennt. Wir leben in Städten, umgeben von Beton, Glas und Metall, fahren mit Autos durch Landschaften, die wir meist nur als Kulisse wahrnehmen, und beschäftigen uns mit Bildschirmen statt mit dem Boden unter unseren Füßen. Aber wir sind Teil dieses Systems. Unsere Körper bestehen aus den gleichen Molekülen wie die von Springschwänzen und Asseln, wir atmen die gleiche Luft, trinken das gleiche Wasser. Die Veränderungen in unserer Umwelt betreffen nicht nur die Tiere und Pflanzen, die in ihr leben, sondern auch ganz konkret uns und unseren Alltag.

Die Welt da draußen steckt voller kleiner (!) Wunder, die oft erst dann sichtbar werden, wenn man sich die Zeit nimmt, sie zu entdecken. Und genau dazu möchte ich dich einladen: geh raus. Setz dich in eine Wiese, heb einen Stein hoch, beobachte, was in der Rinde eines alten Baumes lebt. Achte auf das Krabbeln, das Zirpen, das Summen. Je mehr du entdeckst, desto mehr wirst du verstehen – und desto mehr wirst du vielleicht spüren, dass diese kleinen Lebewesen nicht einfach nur „da“ sind, sondern dass sie einen mannigfaltigen und wunderschönen Mikrokosmos bilden. Eine Welt, die es wert ist, geschützt und geschätzt zu werden. Und wenn du noch nicht genug von dieser Welt bekommen hast, schau mal in meiner Naturkolumne vorbei: Auf schreibersnaturarium.de lernst du noch mehr über unsere großen und kleinen Erdmitbewohner.

Bis bald!
Jasmin

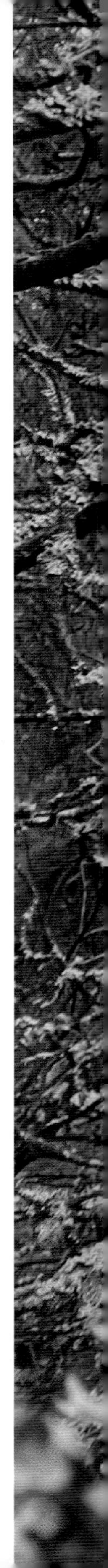

DIE AUTORIN

Jasmin Schreiber, geboren 1988 in Frankfurt am Main, ist Biologin, Schriftstellerin, Illustratorin und Naturfotografin. Schon als Kind zeichnete sie Tiere und Pflanzen, um ihre Umgebung festzuhalten und systematisch zu erfassen. Als Teenagerin kam die Fotografie dazu – ausgelöst durch eine alte und ausgemusterte Canon AE-1, die sie geschenkt bekam. Heute fotografiert sie digital, bevorzugt im Mittelformat.
In ihren beiden Newsletter-Kolumnen vermittelt sie biologische Themen anschaulich und alltagsnah: *Schreibers Hortarium* (hortarium.de) widmet sich dem naturnahen Gärtnern und zeigt, wie man Gärten und Balkone in artenreiche Lebensräume verwandeln kann. *Schreibers Naturarium* (schreibersnaturarium.de) nimmt Leser:innen mit auf Streifzüge durch die Biologie – von der Assel unterm Stein bis zu den großen Zusammenhängen ökologischer Systeme.

Jasmin Schreiber lebt und arbeitet in Hamburg, gemeinsam mit ihren drei Hunden, zahlreichen Terrarien- und Gartentieren sowie ihrem Ehemann, mit dem sie den Biologie-Podcast Bugtales.fm produziert.

In den sozialen Netzwerken findet man sie unter @lavievagabonde und @insektengarten auf Instagram, oder als @schreibersnaturarium.de auf Bluesky.

REGISTER

Fett gedruckte Seitenzahlen weisen auf Bilder hin, auf denen die genannten Arten zu sehen sind.

IMPRESSUM

Mit 138 Fotos und 7 Illustrationen von Jasmin Schreiber

Umschlaggestaltung von Jasmin Schreiber, Hamburg, unter Verwendung zweier Fotos von ihr selbst. Das Bild auf der Vorderseite zeigt eine Goldwespe, das auf der Rückseite die Nymphe einer Südlichen Stinkwanze.

Gedruckt auf chlorfrei gebleichtem Papier

FSC www.fsc.org MIX Papier | Fördert gute Waldnutzung FSC® C011124

ISBN 978-3-440-17987-1
Projektleitung und Redaktion: Claudia Salata
Lektorat: Doreen Fröhlich, Chemnitz
Gestaltungskonzept: Claudia Eder, Schönburg
Gestaltung und Satz: Katrin Kleinschrot, Stuttgart
Produktion: Markus Schärtlein
Druck und Bindung: MohnMedia Mohndruck GmbH, Gütersloh
Printed in Germany / Imprimé en Allemagne